本书出版得到闽南师范大学学术专著出版基金资助

Déjà vu:
Familiarity-Based Recognition of
Implicit Structure

似曾相识

内隐结构的熟悉性再认

赵广平 著

社会科学文献出版社
SOCIAL SCIENCES ACADEMIC PRESS (CHINA)

图书在版编目（CIP）数据

似曾相识：内隐结构的熟悉性再认 / 赵广平著 . --
北京：社会科学文献出版社，2019.6
ISBN 978 - 7 - 5201 - 4430 - 8

Ⅰ.①似… Ⅱ.①赵… Ⅲ.①认知心理学 - 研究
Ⅳ.①B842.1

中国版本图书馆 CIP 数据核字（2019）第 040673 号

似曾相识
——内隐结构的熟悉性再认

著　　者 / 赵广平

出 版 人 / 谢寿光
责任编辑 / 刘　荣
文稿编辑 / 程丽霞

出　　版 / 社会科学文献出版社·联合出版中心（010）59367011
　　　　　地址：北京市北三环中路甲 29 号院华龙大厦　邮编：100029
　　　　　网址：www. ssap. com. cn
发　　行 / 市场营销中心（010）59367081　59367083
印　　装 / 三河市龙林印务有限公司

规　　格 / 开 本：787mm × 1092mm　1/16
　　　　　印 张：14.75　字 数：236 千字
版　　次 / 2019 年 6 月第 1 版　2019 年 6 月第 1 次印刷
书　　号 / ISBN 978 - 7 - 5201 - 4430 - 8
定　　价 / 89.00 元

序

2016 年 9 月 21 日，收到一封赵广平先生的电邮，说他对中国人的思维或认知方式很感兴趣，想申请厦门大学的博士后，和我一起推进该领域的研究，并附上他的博士学位论文，也就是本书的雏形。相约面谈，赵先生提到很多研究的想法，比如运用社会网络分析的方法去研究古典小说中的社会结构、古诗中的名词搭配等，都给我很多的启发。我从事文化间传播、本土心理学研究，与赵先生相谈甚欢。虽然由于年龄原因，博士后之事搁浅，但我与赵先生的情谊与合作一直保持下来。我曾经安慰他，不必在乎那一纸证书，开心与收获才是最重要的。在我看来，赵先生的人生阅历很丰富，在学术上属大器晚成型。

每周的厦门大学博士生组会，赵先生都会尽量参加，慢慢地还带着他的学生过来。虽然闽南师范大学与厦门大学距离不太远，但每次都是他往返奔波。有的学期组会时间在早上，他一早得六点多起来，匆匆赶往厦门，这中间的辛苦可以想象，我一直觉得歉疚。很感谢他给予组会成员很多新鲜有趣的建议！两年多来，我们一起合作，完成了《貌合神离：中英文同款广告的符号和眼动分析》（发表于《新闻与传播研究》2017 年第 11 期）等多篇论文。赵先生对东西方思维环形/线性结构的研究颇有心得，也很执着，这一对概念是理解东西方文化差异的重要概念。在时下浮躁的学术氛围中，赵先生对研究发自内心的追求，尤让人敬佩。

赵先生在复旦大学获得博士学位，并师从长江学者郭秀艳教授，接受了严格的心理学训练，有很高的学术水平。本书对内隐结构的熟悉性再认这一领域做了系统的文献回顾，对该领域国际前沿的追踪相当全面。文中实验设计简洁严谨，数据翔实，图文并茂，使读者对其程序和结果一目了然。研究具有很高的创新性和理论价值，其成果亦有现实的应用价值。本书的特色在于探究客体间关系与结构信息的熟悉性加工问题。赵先生的文笔极佳，用词很有分寸，深入浅出，旁征博引，将心理学与日常生活紧密联系起来。我认为这是一本了解内隐社会认知领域的不可多得的好书，从事文化研究的学者亦可从中获益良多。

林升栋

厦门大学新闻传播学院副院长、教授

2018 年 10 月 27 日于鹭岛

目 录
contents

引　言

在日常生活中，你是否有过这样的经历？当你看到或听到某人、某物、某词、某情景时，总感觉自己曾经见过或听过，甚至肯定自己之前一定见过或者经历过，却早已忘了在哪里、什么时候见过或者听过，怎么也想不起来，常常有一种话到嘴边却说不出来的舌尖状态（the tip-of-the-tongue states）。或者你很清楚自己从没见过或从没经历过面前的情景，也就无从回忆与此有关的内容，但还是有一种似曾相识的感觉或体验（Mandler，1980；Mandler，1991；Brown，2003；Cleary，2006；Cleary & Specker，2007；Day & Goldstone，2009）。

在文学作品和一些科学专著里，人们也经常描写这种似曾相识的现象。明代汤显祖在《牡丹亭》中描写了杜丽娘在梦中与柳梦梅一见倾心，好生面熟，从此展开一段由梦生情、由情入梦的爱情故事。清代曹雪芹在《红楼梦》中描写宝黛初见时，也有同样的画面："好生奇怪，倒像在那里见过一般，何等眼熟到如此！"（曹雪芹，2010：29）"这个妹妹我曾见过的。"（曹雪芹，2010：30）19世纪末心理学家威廉·詹姆斯（William James）在《心理学原理》中也记载了自己的一段亲身经历："我走进一个朋友的房间，看到墙上有一幅画。刚开始，有一种奇怪的感觉，我确信自己曾经见过它，但在什么时候见的，怎么见的，却不是很清楚……"（Yonelinas，Aly，Wang，& Koen，2010：1178）。是真的有一种前世今生的超常能力，还是仅仅只是一种梦的感觉、错觉、幻觉，抑或是神经错乱的表现？

似曾相识现象非常普遍，但早期的记忆领域研究忽略了这种现象。大约在18世纪中期，人们开始关注似曾相识现象。在研究的初期，人们对似

1

曾相识现象有一定的认识偏见，一些具有超常能力的人士经常声称自己看到、听到或者感觉到一些自己从来不可能经验的事物，导致人们经常把这种现象与"灵魂出窍""幽灵""意念""通灵""神鬼附体""鬼魂""前世体验""心灵感应""清醒梦""超能力""幻觉"等超常现象联系在一起讨论和研究（Sno, Linszen, & De, 1992; Gaynard, 1992; Green & Swets, 1966; Greyson, 1977; Kolır, 1980; McClenon, 1988; Palmer, 1979; Ross & Joshi, 1992）。

最典型的研究例子是芝加哥大学国家研究中心进行的一项社会调查。其中，"似曾相识"的调查题目和另外四个评估超心理现象——超能力、透视、招魂和灵魂出窍的题目一起呈现给了调查对象。还有，Gallup 民意测验在一系列关于超常现象信仰的调查题目中把"似曾相识"放在了"超能力""占星术""鬼魂""千里眼""女巫""魔鬼"等题目之中（Gallup & Newport, 1991）。Gallup 和 Newport（1991）认为，尽管大多数心理学家并没有把"似曾相识"当作一种超常现象，但他们可能通过问卷编排的形式向被调查的对象暗示了这一点。令人庆幸的是，Ross 和 Joshi（1992）对超常现象的数据进行分析时，删除了关于"似曾相识"的题目。其理由是，报道"似曾相识"的事件太多，其不应该被当作超常现象。经历了几个世纪的研究，有关似曾相识现象的许多问题仍然悬而未决，但在某些问题上已经达成了一致。以往的研究表明，似曾相识现象的产生涉及从环境到个体、从生理到心理、从情绪到认知的各个方面（Brown, 2003）。

从认知心理学的角度看，似曾相识现象涉及一种特殊的再认记忆（recognition memory; Yonelinas, Aly, Wang, & Koen, 2010）。研究者认为，人类的再认记忆至少有两种形式。一是基于回想的再认（recollection-based recognition，简称"回想"），指当人们遇到某人、某物或某场景时，能够想起有关的详细内容，并根据想起的内容做出有效的再认判断。这种现象与我们日常所说的回忆（recall）现象有很大的相似性，或者说根本就是一种现象，只是在不同情况下，为了特殊的目的而进行了区分。二是基于熟悉性的再认（familiarity-based recognition，简称"熟悉性"），指当人们遇到某人、某物或某场景时，想不起与此有关的详细内容，比如说不出名字、时间、地点以及当时的情景或感受等，但有一种"奇怪"的熟悉感，并据此做出有效的再认判断。似曾相识现象就是一种基于熟悉性的再认记忆，也常被称为无辨认再认现象（Peynircioğlu，1990；Cleary，2008；Cleary，2011）。

从知觉加工的自下而上或自上而下观点看，当人们面对一定的对象时，是什么样的信息导致人们产生一种似曾相识的感觉或者熟悉感呢？以往研究者发展了很多理论假设来解释似曾相识现象。其中，格式塔观点越来越受到学界的认同。该理论认为，在人们的记忆中，储存着某种难以言明的、内隐的格式塔式整体关系或结构信息，可能与熟悉感的产生有关（Tulving，Schacter，& Stark，1982；Yonelinas，2002）。客观上看，实际生活中我们遇到的事物并不是孤立存在的，而是按照一定的规律相互联系、相互制约的。客观上，现实世界存在非常多的"关系"，"关系"与"关系"之间形成一定模式的"结构"。可以毫不夸张地说，现实存在的自然世界和社会世界就是由各种各样的关系构成的一个复杂结构或网络，不但有构成整体所必需的部分间的关系，如线条间的图形关系、字母间的顺序关系、脸孔上各器官之间的关系等，还有整体与整体之间的关系，如两图形之间临时搭配的关系、脸孔与名字的联结关系、乒乓球与篮球的大小关系、春天与夏天的先后关系、麻雀与鸟的从属包含关系、大风与岩石侵蚀的因果关系等，另外，还有一些偏向社会范畴的关系，如朋友间的情感关系、母子间的繁衍关系、纸与笔间的功能关系、警察与枪之间的控制关系、君臣间的权力等级关系、人物或客体间的相互约束关系等。显然，我们很难穷尽世界上存在的各种关系类型。但有一点可能越来越得到大家的认可：如此繁多的各种类型的关系与结构信息，必然以各种不同的表征形式储存在我们的头脑中。其中，有一种表征形式是整体格式塔式的。

从认知主体的主观层面看，人类为了认识、适应和改造繁杂多样的自然环境和社会环境，有意无意地习得了自己所处环境中的众多关系或结构信息（Briscoe & Feldman，2011）。这些储存在人们大脑中的关系或结构信息对进一步的学习和记忆至关重要，不但是思维活动的重要组成部分，也是个体适应环境的有效工具。没有它们，人们几乎寸步难行。比如，人们必须记忆某一完整客体的物理特征所构成的基本结构、某一完整客体的各种概念属性之间的关系、名字与脸孔之间的联结关系、不同建筑之间的大小关系和空间地图关系、不同客体或个体之间的人际关系等信息（Konkel & Cohen，2009）。在此基础上，我们的大脑也发展出对关系或结构信息进行整合的加工能力。人类对客体、场景或事件各组成成分之间的关系信息进行加工、整合、记忆和提取的能力，称为关系记忆（relational memory；Konkel & Cohen，2009）。这种记忆使人们有能力脱离事物的个别特征而灵活地组织和储存现实世界的海量知识，是人类认知的重要特性之一（Ellenbogen，Hu，Payne，Titone，& Walker，2007）。

就心理学研究方法而言，心理学家一直关注两种不同的变量。一方面，关注认知主体或客体的个体属性特征，如颜色、形状、大小、空间位置或时间长短等感知觉特征，概念的属性或意义等语义特征，还有性别、年龄和种族等社会特征。所有这些属性对个体或客体而言可能是固有的，也可能是社会文化赋予的。无论是与生俱来的，还是社会文化赋予的，无论是持久的，还是可变的，这些属性都是个体或客体本身具有的属性特征。另一方面，心理学家也关注属性与属性、刺激与刺激、客体与客体、个体与个体之间的关系以及关系模式形成的结构等信息。虽然个体属性的确是形成"关系"或"结构"的不可或缺的一部分，但它们之间的关系或结构信息显然不能归因于任何一个客体或者个体本身的特征。比如，线条与线条的角度关系、人与人的互动关系等关系信息对个体或客体而言可能是固有的，也可能是社会文化赋予的。无论哪种情况，这些关系信息或者由关系模式构成的结构信息都超越了个体或者客体本身。

在分析主义方法论的影响下，自然认知领域和社会认知领域的研究虽然更加关注个体属性变量，但关系和结构视角的研究很早就开始了。引人注目的心理学结构主义形式，毫无疑问是1912年由Wertheimer和Kohler的格式塔学派提供的，只是该学派一开始更加重视物理特征方面感知觉关系与结构的研究（Piaget，1964）。比如，1929年，Kohler通过"小鸡啄米实验"发现，经过一定次数的学习，小鸡并不总是根据米盒的颜色特征来寻找真正有米的盒子，而是根据两个盒子颜色的深浅来判断哪个盒子里有米。这表明，小鸡在啄米过程中，习得了两个米盒之间的颜色深浅关系，而不是米盒的颜色属性本身。研究者在此基础上进行了一系列实验，并最终提出学习的关系转换理论。1936年，Lewin用格式塔原则分析社会关系；

社会心理学家 Moreno 在 1934 年也已经开始研究社会实体间的关系网络；1958 年，Heider 则提出人际关系中的结构平衡问题。

迄今为止，关系视角的研究至少催生了三个实证研究领域：一是认知心理学关于内隐结构启动和熟悉性的研究，关注内隐认知中抽象关系与结构信息的作用等（Cleary, Brown, Sawyer, Nomi, Ajoku, & Ryals, 2012）；二是社会认知心理学关于抽象关系图式的研究，关注社会与文化认知中内隐关系图式或元关系模型等（Fiske, 2012）；三是社会测量领域关于社会网络的理论、方法和技术的研究，关注大型复杂社会结构与网络的分析和认知等（Brands, 2013）。

20 世纪六七十年代，认知心理学兴起后，知觉加工的整体优势效应、内隐记忆的启动研究和再认记忆的熟悉性研究等，都促进了人们对内隐结构问题的认识（Tulving et al., 1982；Yonelinas & Jacoby, 1995）。本书主要围绕日常生活中常见的似曾相识或熟悉性现象，关注内隐关系与结构信息在熟悉性加工中的作用这一问题。这些以"关系"为主题的研究为我们考虑问题提供了一个不可或缺的视角，或许这也是更接近人们认识自然世界和社会世界的本质的视角。

第一章　似曾相识现象研究

对似曾相识这一现象的命名，西方学者用了将近一个世纪的时间。从19世纪中期到20世纪中期，研究人员曾尝试使用各种不同的语言来描述这一现象。最后，确定使用一个来自法文的词语"déjà vu"作为这一现象的通用专业术语。Berrios（1995）和Findler（1998）认为，"déjà vu"的术语最初是Arnaud（1896）使用的，而Cutting和Silzer（2014）则认为是Hughlings-Jackson（1888）首次使用的。Sno（1994）、Neppe（1983）和Funkhouser（1983）声称，Boirac（1876）在给编辑的信中就已经首次使用了"déjà vu"一词。

"déjà vu"这一术语的英文意思是"already seen"。在国内，常译为"幻忆""即视""似曾相识"等。其中，"幻忆"和"即视"这两个术语更多用于精神分裂症患者、颞叶癫痫症患者和其他脑损伤病人等精神病理学基础上的研究中，也常见诸精神分析和心理玄学中。近年来，随着研究者的目光从一些临床病人转移到正常人身上，人们开始广泛使用"似曾相识"这一相对中性的术语。其中文词语来自我们熟悉的宋代词人晏殊的《浣溪沙》一词，"无可奈何花落去，似曾相识燕归来"，表达了正常人对某一现实客体或场景的怀旧情怀，更符合似曾相识现象作为一种正常心理的表述。

早期，研究似曾相识现象的公开文献，大部分都是从心理动力学或准心理学的角度出发的，而且大多数文章都发表在与主流科学研究无关的期刊和书籍上。尽管心理动力学的解读有一些价值，但相比于更简练的科学解释而言，准心理学的解读显得非常复杂和啰唆（Brown，2003）。后来，一些认知心理学的研究者开始将实证研究与似曾相识现象联系起来，试图

阐明这种经验背后的认知加工机制（Hoffman，1997；Jacoby，1988；Jaco-
by，Allan，Collins，& Larwill，1988；Jacoby & Whitehouse，1989）。我们
依据 A. S. Brown（2003）的文献来简述似曾相识的早期和近期研究，以期
描绘似曾相识现象研究的大致图景。这部分大致分为四个部分：研究技
术、实证研究结果、理论解释和近期研究。

一　研究技术

在似曾相识现象的研究中，比较早期的技术是回溯性的自我报告法。
研究者让调查对象回忆自己过去经历似曾相识的发生率和持续时间等，或
者回忆自己发生似曾相识现象时所体验到的复杂生理和心理环境等。比
如，用定性的方法测量被试经历似曾相识时的具体内容（背景、被试行
为、话语）、发生频率（体验频率）、心理状态（在哪里、何时、做什
么）、身体状态（疲倦、愤怒、陶醉）、心理反应（情绪、时间感、身体意
识）、其他心理维度（梦）和个人活动（旅行频率）等（Neppe，1983；
Sno，Schalken，De，& Koeter，1994）。这类方法指导下的研究至少存在三
个问题。一是没有报告研究及研究方法的基本细节。二是调查对象往往是
一些超常能力者或病人，不具有样本代表性。相对而言，Neppe（1983）
的调查研究最广泛地记载了似曾相识现象，但其实验组一共才 4 人，分别
是精神分裂症患者、颞叶癫痫症患者、非颞叶癫痫症患者和超常体验者等
各 1 名；对照组由 10 名不相信超常现象者组成。就连 Neppe 自己也承认对
照组的数据不可推广。三是自我报告数据具有潜在的不可靠性。
M. A. Harper（1969）认为，似曾相识只是"面对面"情境下诱导出来的
假象，我们得到的数据只是我们的意愿——希望被访谈者承认自己经历过
一种普遍存在的体验（Chapman & Mensh，1951）。
早期似曾相识现象的研究还依赖于前瞻性的自我报告法。研究者要求
被试记录下自己发生似曾相识体验之后身心产生的一些生理和心理变化。
只有 Heymans（1904，1906）在两项独立调查中使用了这种方法，研究者
要求大学生记录在一学年中自己每次经历似曾相识现象的细节。这两项调

查主要的兴趣是记录似曾相识与中重度心理障碍（如人格解体）、精神病理学（如精神分裂症）和持续的个人倾向（如情绪波动、工作节奏和情绪敏感性）等之间的关系，因而把似曾相识和非人格化经历放在一起综合研究，而且在似曾相识的发生率上，这两项调查的结果并不相同。Leeds（1944）也使用了一种前瞻性的程序来评估自己在 12 个月内经历的 144 次似曾相识的强度和持续时间。结果发现，平均每 2.5 天一次，这种异乎寻常的发生率激发了他的自我分析，但别人很难对这种来自自我分析的资料进行进一步核实与分析。

最后一种比较早的技术是对脑损伤的特殊病例，尤其是精神病患者和癫痫病人的心理表现和脑皮层进行研究。在精神分裂症的案例中，研究者试图将"似曾相识"与精神病理学联系起来（Cutting & Silzer, 2014; Sno, Linszen, & De, 1992）。从经验上看，精神分裂症和颞叶癫痫症患者的似曾相识发生率很高，似曾相识似乎是某些类型癫痫发作的前兆。在对这种病例的实际医疗过程中，当医生必须对癫痫患者进行外科手术切除脑组织时，需要通过皮层刺激提前找到癫痫发作的焦点组织位置。在试探性的皮层刺激过程中，发现病人会经历似曾相识现象。然而，Neppe（1983）认为，通过电刺激癫痫病人皮层诱发的似曾相识，在质量上不同于非临床个体。因为癫痫患者的似曾相识可能持续几小时甚至更长时间，而不是正常人的几秒钟。

二　研究结果

虽然早期的研究技术和设计较为简略，但还是得出很多有启发意义的结果。虽然很多结果尚无定论，却可以作为我们进一步思考似曾相识问题的起点和参考。早期研究发现，似曾相识现象的产生受到年龄、性别、受教育水平、旅行经历、梦、生理状况和药物等因素的影响。

其一，年龄差异。Chapman 和 Mensh（1951）、Richardson 和 Winokur（1967）研究发现，除了青少年的发生率较低之外，在人一生的整个成年年龄范围内，似曾相识的发生率似乎在随着年龄增长而下降。这一结论给我们提供了两个信息。一是似曾相识所需的认知成熟可能要到 8 岁或 9 岁（Crichton-Browne，1895；Kohn，1979），青少年样本发生率更低这一问题可能与似曾相识的发生高峰期还没到达有关，但这一点尚无定论。二是老年人似曾相识的发生率是真的比较低，还是老年人在回答问题时更不愿意承认自己有过似曾相识的经历？毕竟那个时代的人对似曾相识现象还怀有很大的偏见。另外，Mäntylä（1993）认为，熟悉性随着年龄的增长通常会保持在一个稳定的水平，回忆细节的能力则随年龄的增长而逐渐衰弱。果真如此的话，似曾相识的发生率与年龄呈负相关关系这一结果与一些研究不相符。时至今日，有关似曾相识的发生率与年龄的关系还有很多问题没有解决，但这至少让我们不那么坚信两者之间是简单的线性递减关系。

其二，性别差异。很多研究调查过男性和女性被试的似曾相识发生率，但结果并不一致甚至相反。一些人发现女孩和妇女的发生率较高（Gaynard，1992；Myers & Grant，1972），另一些人则报告称男性和男孩的发生率较高（Green，1966；Richardson & Winokur，1967，神经外科病人样本），也有人发现无性别差异（Bernhard-Leroy，1898；Chapman & Mensh，1951；Harper，M. A.，1969；Kohr，1980；Leeds，1944；Palmer，1979；Richardson & Winokur，1967；Sno et al.，1994）。

其三，社会经济阶层、教育和旅游。很多研究都发现，似曾相识现象与受教育水平、社会经济阶层之间存在积极的关系，而且结论比较一致（Brown，2003）。比如，Chapman 和 Mensh（1951）、Richardson 和 Winokur（1967）使用了同样的社会经济阶层分类比较了六个不同的"职业"群体——无技能者、家庭主妇、有一定技能者、办事员、学生、专业人员等，Palmer（1979）比较了蓝领工人和白领工人，Chapman 和 Mensh（1951）、Richardson 和 Winokur（1967）分别比较了正常被试和特殊病例（神经外科、精神病学）的三类教育年限——小于 9 年、9～12 年、大于12 年等，都得到了一致的结果：似曾相识的发生率与社会经济阶层、受教育水平之间有直接的关系。另外，Chapman 和 Mensh（1951）、Richardson 和 Winokur（1967）分别研究了正常被试和特殊病例（神经外科、精神病学）的旅游频次，得到了一致的结论：旅行的人能够体验更多的似曾相识感。虽然以上研究结论比较一致，但笔者认为，在某种特殊的社会背景下，社会经济阶层、受教育程度和旅游频次三种因素有很大的关联，社会经济阶层较低的人群有更少受教育的机会，也较少有机会旅游接触新环境，较少注意或者难以表达自己似曾相识的体验，也是不容忽视的因素，因此这类结论也是不能确信的。

其四，压力、疲劳、焦虑和疾病。早期的逸事报道显示，似曾相识经常发生在情绪紧张时期之后，或者处于极度心理疲劳状态时，或者当一个人处于放松状态，远离警觉和敏锐的时候（Woodworth，1940）。Leeds（1944）和 Heymans（1904，1906）分别研究了自己和学生的疲劳与似曾相识经验的关系等，结论一致：似曾相识常与身体或心理痛苦联系在一起，这种推测得到了相当多的支持（Brown，2003）。

其五，梦。梦可能提供了后来在似曾相识期间复制的零碎记忆（Baldwin，1889）。当 Zuger（1966）询问调查对象"你是否经历过似曾相识""你是否记得自己的梦"时，发现了一个惊人的现象：所有 10 名没做梦的人都说自己没有似曾相识的体验，而所有 36 名做梦的人中有 27 名说自己有过似曾相识的体验，回忆梦和经历似曾相识似乎存在强烈的关系。另外，Palmer（1979）发现，在老年人中，似曾相识和做梦频率之间有显著的相关性，但在大学生中没有，说明梦与似曾相识的关系有年龄差异。

其六，精神病理学。一些人认为，精神分裂症患者比普通人群更可能发生似曾相识现象（Brown，2003）。但由于精神分裂症涉及各种认知扭曲，很难与正常被试相比较（Harper，M. A.，1969）。而且，各亚型样本量的高度可变性和有问题的取样程序使这一类研究的结论很难令人信服。Richardson 和 Winokur（1967）比较了七种神经病理学亚型（脑、脑膜、脑血管、脊髓等）发现，似曾相识的发生率没有差别。这表明，精神病理学方面的发现也是不一致的。

其七，旧事如新。与似曾相识现象相反的一种再认障碍是"旧事如新"（Jamais vu）。指当我们遇到一个熟知的刺激时，有时会感觉陌生（Burnham，1903；Conklin，1935；Critchley，1989；Cutting & Silzer，2014；Hughlings-Jackson，1888；Reed，1974；Sno，2000）。比如字形饱和与语义饱和现象，前者指一个普通的词突然越看越不像，看起来很陌生的现象（Heymans，1904，1906；Sno & Draaisma，1993），后者指当我们不断重复或者聚精会神地陈述一个词或句子时，会导致这个词或句子暂时失去其隐含的意义（Amster，1964；Kounios，Kotz，& Holcomb，2000）。旧事如新现象比似曾相识虽然少得多（Findler，1998；Reed，1974；Sno，2000），但 Heymans（1904，1906）提供的数据表明，似曾相识和旧事如新这两种再认功能障碍的关系可能很密切。

另外，研究者也常把似曾相识与替身综合征或卡氏综合征联系在一起研究。后者恰恰相反，指一个人把熟悉的朋友或亲戚当成陌生的骗子（Capgras & Re'boul-Lachaux，1923）。研究表明，大部分妄想性错误辨认综合征的症状并没有出现在健康成年人中，而经常出现在精神分裂症或涉及右半球器质性脑损伤病人的行为中（Critchley，1989）。当然，似曾相识也可能与反复健忘症有关（Hakim，Verma，& Greiffenstein，1988；Langdon & Coltheart，2010）。

三　理论解释

一个多世纪以来，在实证研究的基础上，学者提出了有关似曾相识现象的多种理论解释。大致可分为四类：双重加工解释、神经功能解释、注意解释和记忆解释。其中，双重加工解释和神经功能解释基于早期研究，表述不明确和解释力有限；注意解释和记忆解释依赖于后期的认知心理学研究，相对更加明确。

（一）双重加工解释

双重加工理论推测，在正常情况下，人们的认知依靠两个同步协调操作的加工过程。但两个加工过程有时候会暂时不协调或不同步，从而导致似曾相识现象。比如，Hughlings-Jackson（1888）提出负责加工外部世界的正常意识和负责监视内心世界的寄生意识等双重意识；Bergson 提出感知和记忆两种加工（Carrington，1931；Tulving，1968）；De Nayer（1979）提出编码和检索两种加工。下面以 Gloor（1990）提出的检索和熟悉两种加工为例来说明似曾相识现象的发生。研究者认为，检索和熟悉是两个独立的认知功能，这两个加工过程偶然会处于失调的状态。在熟悉加工过程不起作用的时候检索信息，会觉得事物很陌生。而当检索加工过程不起作用时，就产生很熟悉的似曾相识感，但不知道熟悉感的产生根源。

（二）神经功能解释

神经功能解释认为，似曾相识代表神经系统的短暂功能障碍，包括小发作或正常神经传递过程中的一些改变。一些研究者认为，似曾相识经验是由癫痫发作引起的神经功能障碍或正常神经传递速度的变化引起的。比如，刺激颞叶癫痫中的杏仁核和海马体会产生一种似曾相识的体验（Bancaud et al.，1994；Gloor et al.，1982；Halgren et al.，1978）。另一类神经病学解释认为，似曾相识体验是由从感知器官到大脑高阶处理中心的神经元传输的短暂延迟造成的。比如，由于突触功能障碍，传输信息所需的正常时间略有增加，常规处理时间的轻微减慢（几毫秒）就可能被误解为正在加工的信息是"旧"的（Grasset，1904）。

就最终解释似曾相识现象而言，虽然双重加工解释有深刻的历史根源，但其表述不太清晰和精确，更多地基于理论哲学的而不是经验的领域。神经功能解释在逻辑上和分子水平上可能更有说服力，但从当前的技术看，神经功能解释所依赖的实验室测验技术是有问题的。因而，双重加工解释和神经功能解释用处要小得多。而注意和记忆方面的解释与当前的认知心理学研究有明确的联系，很多实证研究都是从这两个角度出发而展开的，解释力较强（Brown，2003）。

（三）注意解释

第一种与注意有关的具体解释是无注意知觉。认知心理学认为，一股持续不断的知觉经验流可以被分成两种不同的知觉，即无注意的知觉和注意分散条件下的知觉。第一次对刺激进行概要性知觉时，注意很弱，紧接着才进行注意充分下的第二次感知。如果两次知觉在时间上形成某种特殊的匹配模式，人们就会有意识地将第一次的知觉错认为更遥远的刺激（Conklin，1935；Heymans，1904；Lalande，1893；Osborn，1884；Wigan，1844）。许多研究支持这种解释。Leeds（1944）认为眨眼运动可能会分裂这两种连续的感知，故也称这种现象为碎片感知（split-perception）。Mayer和Merckelbach（1999）甚至认为，这种反应迟钝可能是日常感知的一部分。信息处理的第一秒可能是一个"快速而脏乱"的无意识处理平台，可以对我们周围刺激的后续加工与反应产生重要的影响。

第二种与注意有关的解释是知觉流畅性。Jacoby 和 Whitehouse（1989）首先把一个词以阈下方式或在掩蔽的情况下呈现给被试，当在测试阶段再认这个词时，人们会把这个阈下呈现的、主观上认为从没学过的词判断为"旧"的。研究者认为，被试在不注意的情况下对这个词的阈下表征，可能促进了再次加工的知觉流畅性。在阅读一个单词时，这种流畅性可以帮助我们产生一种似乎"跃然纸上"的体验（Jacoby & Dallas，1981）。类似地，当一个感知元素被强烈地启动，并且缺乏再认源信息时，可能诱发似曾相识的感觉。虽然 Jacoby 和 Whitehouse（1989）将其发现与似曾相识现象直接联系在一起，但是，在这一特定研究范式中，被试是否意识到了掩蔽启动词呢？这一点一直存在争论（Bernstein & Welch，1991；Joordens & Merikle，1992；Watkins & Gibson，1988）。Merikle、Smilek 和 Eastwood（2001）总结了关于无意识感知的文献后指出，潜意识呈现的刺激始终有可能影响后续行为。因而，该研究范式存在的争论本身并没有破坏这种范式对于模拟似曾相识现象的潜在相关性。

第三种与注意有关的解释是注意盲现象。如果人们把注意力集中在某一视觉阵列中的某些物体对象上，往往会错过其他物体，甚至会对清晰可见的物体视而不见。这种阈上感知或者超阈感知的注意盲范式修改了 Jacoby-Whitehouse 的设计，使得刺激不在阈下呈现而在阈上呈现，更好地模拟了似曾相识的体验。Mack 和 Rock（1998）对这种注意盲现象进行了广泛的调查，发现当外部视觉刺激（例如形状、客体、单词）与目标刺激（例如"+"号）一起呈现，要求被试只能对目标刺激做出反应（要求判断"+"号中哪一行更长）时，被试可能经常错过外部视觉刺激。而且，当目标刺激在周边，外部视觉刺激在视野中心时，更有可能发生注意盲现象。在这种实验操作范式中，刺激的呈现高于阈值却无人注意，能够更好地模拟人们的自然感知体验，为研究似曾相识的经历提供了一个更加现实的框架（Merikle，Smilek，& Eastwood，2001）。例如，可以让一个人进入某一房间，用手机聊天或者思考即将到来的会议，同时直接盯着一个特定的刺激，片刻之后，这个刺激被有意识地感知到，就很可能引发一场似曾相识的经历。

（四）记忆解释

记忆解释假设：当前环境的某些方面在客观上是熟悉的，但是熟悉感的来源被忘记了（Brown，2003）。一个多世纪前，Osborn（1884）最先提出内隐熟悉性作为似曾相识的记忆基础，认为个人在没有充分意识到信息的情况下处理大量信息，并且随后对这些信息进行再处理，可能会在无回忆的情况下偶尔产生一种主观熟悉感。大量文献表明，在对先前经验缺乏外显回想的情况下，有可能产生一种似曾相识的反应（Roediger Ⅲ & Mc-Dermott，1993；Schacter，1987a）。

第一种有关记忆的解释是元监控过程中的冲突。元监控框架认为，两种类型的元监控过程之间发生冲突的时候就可能产生似曾相识的体验（Johnson，Hashtroudi，& Lindsay，1993；Mitchell & Johnson，2000）。当《牡丹亭》中的书生柳梦梅第一次到杜丽娘家的花园时，他依靠自己的常识，清楚地记得从未来过这个花园，然而，也许他在其他地方无意识地看见过类似的真实花园或花园画作，因此，他依靠自己的心理体验，产生了一种似曾相识感。也就是说，他虽然不知道，但他的确有感觉。

第二种有关记忆的解释是加工的副产品。Osborn（1884）认为，发生似曾相识的环境与人们记忆中的内容有某种程度的相似性。这种观点可以解释为什么在一个完全新颖的环境中会出现强烈的似曾相识感。该观点类似于迁移恰当加工理论，认为回想检索的成功取决于信息原始输入和回想检索加工的相似性。如果两者类似，那么回想的可能性很高。否则，可能产生意想不到的熟悉感或似曾相识感（Kolers，1973；Kolers & Roediger Ⅲ，1984；Morris，Bransford，& Franks，1977；Roediger Ⅲ，Weldon，& Challis，1989）。

第三种有关记忆的解释是单一元素的认知熟悉度和情感熟悉度。这类理论认为，似曾相识的体验可能是由当前环境中客观上熟悉但无法识别的一个元素触发的。也就是说，人们把某一个不明元素引起的熟悉感误解为对整个环境的似曾相识（Brown，2003）。还有一种情况是，当前情景的某些方面触发了与之前经历类似的情感反应而引发似曾相识感。在这一理论解释的基础上，有研究者提出了单一元素交互作用范式（single-element interaction），来验证单一元素间的相互作用是否会对似曾相识产生影响。比如，Brown 和 Marsh（2010）的实验主要控制两个因素：3（背景词：新标志物、高熟悉度标志物、不呈现）×2（呈现时间：0.1 秒、1 秒）。实验先呈现 0.5 秒掩蔽刺激，然后分三种条件呈现目标刺激——单独呈现、伴随新标志物背景、伴随高熟悉度标志物背景，接着掩蔽刺激，要求被试对目标刺激进行熟悉度判断。结果发现，与其他条件相比，在伴随高熟悉度标志物背景刺激条件下，被试更倾向于认为目标刺激比较熟悉。这表明，元素之间的相互作用会对似曾相识产生影响。

第四种有关记忆的解释是格式塔的熟悉性。Reed（1974）认为，当前刺激的整体感知结构与之前经历的结构之间具有格式塔对应关系时，可能会触发似曾相识感。比如，当柳梦梅去杜丽娘家的花园时，引起熟悉感的可能不是花园里的柳树和梅花，而是花园的整体布局与他家的花园或者曾经在哪里见过的花园布局相似。Levitan（1979）认为，在识别整个场景或场景设置时，人们会自动将它分解成更简单的感知形式，如立方体、三角形、圆形，这一过程类似于立体派画家所做的事情。当我们对事物的感知随着时间的推移而慢慢退化时，先前经验的总体框架可能会与现在的有很大重叠（Sno & Linszen，1991）。Gloor（1990）根据 Rumelhart 和 McClelland（1986）的平行分布式加工模型，将格式塔类比的推测与颞叶癫痫的早期预兆中的似曾相识经历联系起来，认为癫痫发作前颞叶神经元的不稳定放电导致了当前视觉场景和先前视觉体验之间的虚假匹配。另外，诸如疲劳、压力这些降低感知精度的因素，更有可能促成这种结构匹配，这种解释与早先关于疲劳和似曾相识之间的关联相吻合（Sno & Linszen，1991）。

综上所述，尽管大多数人都经历过似曾相识的现象，这种现象在大众文化中也占据了坚实的地位，而且人们在早期也常常把它与一些神秘现象联系在一起，但是，心理学家对这个话题还是非常谨慎，希望使用更复杂的研究技术来阐明这种认知错觉。

早期关于似曾相识的研究大都建立在问卷调查的基础上。由于人们一开始对似曾相识现象并不了解，甚至怀有偏见，羞于承认自己有过这样的体验或经历，似曾相识现象的早期研究受到很大干扰。而且，大多数研究者仅仅考察某一单一因素与似曾相识现象的相关性，很多调查的细节没有资料保留下来。在此基础上得到的一些较为一致的结论，比如似曾相识现象随着年龄的增长而降低，随着受教育水平、社会经济阶层和旅行频次的提高而增加，在压力和疲劳的情况下更为常见等，正在接受更严谨的方法和技术的考验，尚需要更多的证据来支持。另外，似曾相识与颞叶癫痫和精神分裂症存在关联这一结论也没有得到令人信服的证据。从本质上说，似曾相识现象的产生非常复杂，涉及很多方面的因素，如果从单一因素的角度去分析，结果很难令人信服。因而，进一步的研究需要重新设计回顾性调查，同时公布基于各种年龄、族裔、种族和文化背景的大量正常人和特殊病例人群的代表性样本的调查结果，并考虑受教育水平、旅游频次、社会经济阶层等多因素交互作用，这样才有助于客观科学地解释似曾相识现象的成因。

关于似曾相识现象的早期科学解释包括以下四个方面：①两个通常协调的认知过程，其正常运作中的瞬间变化引起的不协调；②神经功能障碍（癫痫发作、突触传递减慢）；③无注意或分散注意条件下感知之后完全注意条件下感知的一种特殊情况；④基于对某一客体元素或格式塔结构的内隐熟悉性记忆激活。其中，对似曾相识现象的理论解释，前两种理论用处不大，除了表述模糊之外，更重要的是大部分概念来自哲学或者生理学；后两种理论近期得到很大程度的发展，并且催生了更具有可操作性的实验范式，使得一些理论假设更为突出。

四　近期研究

在将近两个世纪里，众多学者对似曾相识现象进行了大量研究。但是，似曾相识现象真正进入科学研究的历史并不长，很多问题有待澄清。可以说，似曾相识的研究目前尚处在百家争鸣的探索阶段。

近年来，随着似曾相识现象社会接受度的逐渐提高和研究工作的稳步推进，该领域的研究开始扩大到常规记忆功能领域。正如 Roediger Ⅲ 和 McDermott（2000）所指出的，"记忆的扭曲为研究有趣和重要的心理现象提供了肥沃的土壤"。对似曾相识现象的研究不仅为研究记忆错觉和错误记忆提供了一条道路，而且为记忆系统特别是再认记忆的研究提供了一个独特的切入点。

（一）研究方法

在研究的初期，由于似曾相识现象极其短暂，也没有任何明显可识别的诱发刺激，一些人对科学研究似曾相识现象的可能性比较悲观（Sno & Linszen，1991；Funkhouser，1983；Green，1966；Osborn，1884）。但很多研究者创建了一些模拟似曾相识体验的实验室模式，能够诱发被试的熟悉感，并能对这种感觉进行自信心评估。虽然没有一种范式可以完全复制自然状态下的似曾相识体验，却可能创造出足够接近的近似现象，以促进和检验进一步的理论推测。因此，这类实验室研究范式具有极大的前景。

在双重加工解释的基础上，研究者提出催眠范式（hypnosis paradigm）。催眠中暗示的潜力在于，可以消除对以前遇到刺激的熟悉感。Banister 和 Zangwill（1941）第一次将催眠范式应用到似曾相识现象的研究中。在实验中，先给被试呈现一组图片，之后在催眠状态下暗示被试忘掉先前呈现的图片，最后将呈现过的图片再一次呈现给被试。通过使用催眠范式，30% 的人称在实验中体验到了似曾相识。O'Connor、Barnier 和 Cox（2008）对催眠范式进行了修改。实验中，在对被试进行催眠以后，一半的被试需要完成一个拼图游戏，另一半则不参加。然后，对没有参加拼图游戏的被试进行熟悉暗示——"该拼图游戏看起来非常熟悉"，而对完成拼图游戏的被试进行遗忘暗示——"你们从来没有完成过该拼图游戏"。最后，把拼图游戏呈现给所有被试，对其反应进行记录。结果发现，熟悉暗示条件下的被试比遗忘暗示条件下的被试得到了更多的似曾相识体验，并且这种体验类似于日常生活中的似曾相识现象。O'Connor 等（2008）认为，催眠使检索和熟悉两种过程分开，两种独立认知过程之一的缺失可能是似曾相识发生的原因。在催眠范式中，重要的一环在于对被试的催眠，这对催眠师提出了较高的要求，并且实验过程中存在一定的主观性，这导致实验很难重复。

对似曾相识神经机制的研究，大部分基于颞叶癫痫患者。在生理结构上，对癫痫病灶对侧的大脑结构进行电刺激，可以激发似曾相识体验，这可能给我们指出一套方法，对正常大脑组织的刺激也可以引发似曾相识现象。在发生频率上，正常人产生的似曾相识体验比颞叶癫痫患者更高。O'Connor 和 Moulin（2008）基于对一名男性癫痫患者的研究，认为虽然被试的注意焦点在一段时间内被改变，但是他仍然在这段时间内持续体验到了似曾相识现象。这说明，在缺乏外部刺激的情况下，也可以激发似曾相识的主观体验。似曾相识体验是一种内在驱动过程，是一种自上而下的加工过程。因此，普通人身上也可以激发似曾相识体验。从正常人身上去探索似曾相识，并结合目前认知神经科学实验技术（如近红外光谱技术、扩散张量成像和功能核磁共振），将有助于科学全面地研究似曾相识这种特殊认知现象的神经机制。似曾相识的神经系统模型通过分割屏幕显示来进行左右视野的再认评估。比如，在每一次实验中，电脑显示器上会显示两种刺激：一种呈现在左视野，一种呈现在右视野。在两个视野中异步呈现两个相同的单词或图片，被试对这两种刺激中的一种或两种做出新旧再认判断。如果次要路径中的延迟是似曾相识的基础，那么相对于两个重复新刺激的同步呈现，在稍微延迟（几毫秒）左视野中的新词或右视野中的新图的条件下，则虚惊率增加。如果主通道中的轻微延迟是似曾相识的基础，那么相对于同步实验，延迟左视野中新词或右视野中新图会增加虚惊率（Halgren，Walter，Cherlow，& Crandall，1978）。

在无注意或注意分散条件下知觉流畅性方面，Jacoby 和 Whitehouse（1989）提出了知觉分离范式（split perception paradigm），为似曾相识研究提供了一种具有较强可操作性的研究方法。实验每次呈现一个单词，第一阶段要求被试对单词表进行学习，第二阶段要求被试进行新/旧再认测试。每个测试词呈现之前，先以短暂的时间闪现一个背景词，并在视觉上对它进行掩蔽，以防止被试意识到。背景词与测试词之间的关系有三种：两词相同的一致条件、两词不同的不一致条件、没有背景词的基线条件。结果发现，与不一致条件和基线条件相比，一致条件下被试更倾向于错误地认为单词曾经在学习词表里面看见过（详细内容会在之后章节中加工分离范式部分涉及，这里只做简述）。

　　注意盲研究领域似乎有巨大的潜力来阐明似曾相识现象。研究者用独特而复杂的刺激，如自然场景、不可能人物和中国的象形文字等，进行分散注意力操作，也可以模拟似曾相识的经历。其中，一个核心的实验操作是侧抑制任务（Hawley & Johnston，1991；Mulligan & Hornstein，2000）。其中，焦点刺激出现在电脑屏幕的中央，侧方刺激出现在焦点刺激的上方、下方、左侧或右侧。前一个试次的侧方刺激紧接着成为下一个试次的目标刺激，这可能会引发一种似曾相识的体验。此外，研究者还使用复杂的自然场景，先引导被试的注意力指向一个特征，例如"树上有鸟巢吗?"，当前场景中具有的非焦点特征，如"谷仓"，紧接着成为下一个场景中的焦点特征，例如"谷仓里有窗户吗?"。再认决策包括自信心评定以及对场景是实验内（近期或远期实验）还是实验外（Schacter，Harbluk，& McLaughlin，1984）的来源评估。

　　Brown 和 Marsh（2008）在研究自传体记忆和似曾相识现象时，使用了情景再现范式（scenes reappearance paradigm）。实验的第一阶段给被试呈现一系列陌生的校园场景图片，每个图片的角落随机出现一个"＋"号，呈现频次为 1 次和 2 次，要求被试按键判断"＋"号的出现位置；第二阶段要求被试在一个或者三个星期以后返回实验室，给被试呈现一些混杂着自己校园和先前实验所呈现的陌生校园的场景图片，呈现频次仍然为 1 次和 2 次，呈现的时间非常短（0.5 秒），要求被试判断是否曾经到过图片中的场景。实验程序结束后，要求被试回答在实验中是否有似曾相识体验。研究发现，被试对那些从未到过的场景有似曾相识的感觉，并且呈现的频次不会对结果造成影响。这表明，被试在对"＋"号位置进行判断的过程中对整张图片进行了无意识加工。虽然这一模型并不能清楚地解释似曾相识的高度熟悉感，但确实给我们提供了合理的框架，可以解释似曾相识的经验。

　　为了评估单一元素的熟悉度观点，研究者把复杂视觉场景的照片，如客厅、酒店大堂、庭院等用于连续再认任务。先将先前场景中的单一元素，如椅子、墙壁图片、喷泉等，选择性地插入新场景中。要求第一组被试指出整个场景是否重复，如果单一元素的熟悉度推动了似曾相识体验，与没有旧元素的新场景相比，被试应该对包含旧元素的新场景有更高的整体场景虚报率，并且前者对这种虚报率的信心应该高于后者。另外，要求第二组被试关注场景中的各个元素，如果任何元素出现在先前呈现的场景中，则做出"旧"的反应。通过使用虚拟现实技术和自然环境刺激，这些操作可以更大程度地逼真模拟现实。

单一元素理论和格式塔理论都持有自下而上加工诱发似曾相识的观点。不同的是，单一元素理论认为，被试对单一元素的熟悉概括到整个情景中导致了似曾相识体验；而格式塔理论认为，似曾相识的产生受情景排列结构的一致程度影响。针对以上两种观点，研究者在无辨别再认范式的基础上，发展出无线索回忆的再认范式，研究了普通人在名人脸孔识别、著名风景识别、单词特征识别和图画特征再认时所发生的似曾相识效应（Cleary & Specker，2007；Cleary，Langley，& Seiler，2004）。结果发现，单一客体的轮廓结构、场景框架和单词正字法结构等是引发似曾相识的关键原因，而某一整体结构中的单一元素不能诱发似曾相识效应（有关这部分的详细内容会在之后章节中涉及，这里暂不赘述）。

（二）似曾相识与格式塔熟悉性

从认知加工的角度看，似曾相识是一种特别不协调的认知错觉。在这种认知错觉中，人们对一种表面上没见过的情景，感觉就像以前经历过一样（Brown，2003）。尽管历史上存在许多有关似曾相识的理论假设（Brown & Marsh，2010），但近年来的研究越来越集中在格式塔熟悉性假设上（Brown，2004；Brown & Marsh，2010）。

从再认记忆的角度看，至少有三类证据表明似曾相识可能与熟悉性有关。第一，相关数据。人们报告经历似曾相识的频率与人们报告旅行、做梦和看电影的频率正相关（Brown，2003；Wallisch，2007），而旅行、做梦或看电影的人应该比很少做这些事情的人有更多潜在的熟悉性。第二，在 Brown 和 Marsh（2008）的研究中，学生观看了一些自己校园的场景图片和另一些来自遥远的其他校园的场景图片，后者更能触发学生的似曾相识感。即学生对自己校园太熟悉了，在再认时可以很容易地检索到来源信息，而对遥远的其他校园则只能产生一种以前去过那里的感觉。这一实验也暗示了熟悉性和似曾相识之间的潜在联系。第三，Bowles 等（2007）汇报了一个癫痫病人案例研究，在手术干预之前，该病人癫痫发作时常经历似曾相识现象。手术治疗虽然降低了病人的癫痫发作频率，但她随后在一些再认任务上受到了基于熟悉的再认损害，而基于回想的再认完好。手术后的损伤与她在手术前癫痫诱发似曾相识这两个事实，表明熟悉性和似曾相识之间可能存在关系。

那么，什么样的信息导致了人们对新的情景的熟悉性呢？是相似性的信息。如果新信息与存储在记忆中的情况存在一定的相似性，你就会有一种似曾相识的感觉。例如，Cleary（2004）向被试提供了一份单词的研究列表（如 obstetrician、bushel），随后测试被试区分与研究项目相似的新测试线索（obstruction、bashful）和不相似的新测试线索的能力。研究表明，即使被试不能使用测试线索回忆起与它相似的研究项目，当与学习阶段单词相似时，还是会给予测试单词更高的再认评级。简而言之，被试发现类似于学习阶段单词的新线索比不类似于学习阶段单词的新线索更熟悉，尽管他们无法回忆起导致熟悉度增加的特定学习事件。

进一步提问，哪些成分的相似性会产生似曾相识的熟悉感呢？一种回答是场景中的单一组成元素，一种回答是场景的整体格式塔式结构（Brown，2004）。20 世纪以来，内隐记忆和基于熟悉性的再认记忆领域研究发展很快，为这一问题提供了很好的证据。很多研究者直接比较了单一元素和整体结构的内隐启动和熟悉性效应，发现整体格式塔式结构才是引发似曾相识的熟悉性的关键。下面的章节分别阐述有关内容。

第二章　基于熟悉性的再认记忆

再认记忆一般被认为是一种认知能力，即当人们面对某一情景时，能够提取到记忆中已经储存的类似信息，并据此判断当前情景是不是以前经历过的情景的能力（Mandler，1980；Brown & Aggleton，2001）。作为记忆研究领域的一个重要分支，早在古希腊的亚里士多德时期，这类常见的记忆就开始被人们讨论。实验方面的研究则始自德国的心理学家冯特的工作（Wundt & Pintner，1912），其研究对象除了人之外，还涵盖了猫或猴子等动物（Buffalo，Reber，& Squire，1998）。再认记忆能力是人们学习新知识和解决新问题的必要基础，对人们理解和适应繁杂多变的环境有极其重要的生存意义（Minsky，1986；Holyoak，2005；Dunbar & Blanchette，2001）。

一　熟悉性研究范式

目前，研究者已经发展出很多再认记忆的实验方法或范式。一般的做法是通过学习－测试两阶段模式，来测量和评估人们的再认记忆能力。首先，要求被试在学习阶段学习一些材料。然后，在测试阶段要求被试判断测试线索材料是否在先前的实验情境中学习过（Mandler，1980；Brown & Aggleton，2001）。

19 世纪 70 年代，认知心理学正式提出再认的双加工理论，来解决基于熟悉性的再认与基于回想的再认两者之间的关系问题。很多研究者致力于寻找两者的实验性分离①证据，对熟悉性与回想的分离本质做了广泛的深入探讨（Criss，Wheeler，& McClelland，2013；Wais，2013；Ingram，Mickes，& Wixted，2012；Brown & Aggleton，2001）。由于不同研究者往往持有不同的观念并遵循不同的理论逻辑，继而发展出自己偏爱的不同范式，以往研究的实验结果存在较多分歧。

我们根据不同范式所遵循的内在逻辑和时间逻辑，把熟悉性的研究范式划分为两种类型：一是早期出现的任务分离法（task-dissociation methods），包括反应速度（response - speed）、回忆/再认比较（recall/recognition comparisons）、项目/联想再认比较（item/associative recognition comparisons）等技术；二是后来出现的加工过程估计法（process-estimation methods），包括传统的加工分离（process-dissociation）、记得/知道（remember/know，简称"R/K范式"）、ROC程序（the receiver operating characteristic procedures）等技术，当然，也包括近期出现的无线索回忆再认范式（recognition without cued recall，简称"RWCR"）等技术。

（一）任务分离法

任务分离法是对熟悉性与回想进行实验性分离的传统方法之一，在再认记忆的研究中占据着重要的位置。其主要逻辑是在某个自变量的所有水平上，分别测量熟悉性和回想效应。如果自变量的水平变化影响被试某单一类任务（如熟悉性任务）的成绩，但不影响另一类任务（如回想和熟悉性的混合任务）的成绩，则表明熟悉性与回想发生了实验性分离，这种分离被称为单一分离，表示在某一项记忆任务中可能存在某一种类型的加工，而在另一项记忆任务中可能不存在；如果自变量对两种任务的影响是相反方向的，则为双向分离现象，表示这两种任务中的加工过程可能是相互独立的（杨治良、郭力平，1998）。总之，如果某自变量在很大程度上影响了熟悉性任务，而对于回想任务则影响不大或相反，那么实验者就可

---

① 当改变任何一个变量的水平或类别时，如果熟悉性与回想的效应发生不同程度或者不同方向上的变化，那么实验者就可以据此做出熟悉性与回想相分离的论断，并由此认为熟悉性与回想属于两种不同性质的加工过程或记忆类型。如果两者在某一变量上不存在实验性分离，那么推测两者只是同一种加工过程或记忆类型。

以做出熟悉性与回想不是同一种加工的论断，反之亦然（Yonelinas，2002）。了解各种范式的过程也是我们了解熟悉性与回想分离逻辑的过程。下面简要介绍几种广泛使用的任务分离框架下的熟悉性研究范式，包括反应速度范式、回忆/再认比较范式和项目/联想再认比较范式。

1. 反应速度范式：加工快慢

Atkinson 模型认为，被试的再认记忆首先发动熟悉性加工过程，然后再发动回想加工过程（Atkinson & Juola，1974）；另一类模型则认为，熟悉性与回想过程是平行的，但熟悉性的反应速度要快于回想的速度（如 Mandler 模型、Jacoby 模型和 Yonelinas 模型等）。反应速度范式正是从这一假设出发而形成的实验方法之一。

反应速度范式首先要求被试学习一些项目，并要求被试以较快的速度（如 700ms 内）对测试项目做出再认判断，作为熟悉性的测量；然后用无时间限制的再认任务测量熟悉性与回想的混合效应。以此探讨熟悉性与回想在反应速度这一变量上的分离，从而对两种加工过程的关系进行推测。

就目前而言，熟悉性的加工速度要快于回想这一结论已经达成共识，反应速度范式对此做出了很大贡献。但其局限是：被试接受两种不同的指导语，而且快速反应条件下的速度－准确率权衡问题比较突出等。

2. 回忆/再认比较范式：能否回忆

单一加工理论认为，有线索情况下的回忆与无线索情况下的回忆具有相同的深层加工机制，而再认则仅仅依赖于熟悉性过程（Brown & Aggleton，2001）。那么，就可以使用无线索回忆的测试来测量回想的效应，而用有线索回忆情况下的再认任务测量回想和熟悉性的混合效应，再利用某一变量对两种测试的不同影响来推断熟悉性和回想的关系。

回忆/再认比较范式要求被试在再认测试中分别做出两种反应，一种反应是"是否学过"，一般为二项迫选；另一种反应依赖回忆，为生成性的反应。

回忆/再认比较范式下的研究对于分离无线索的回忆和有线索的回忆起到很大作用，但对熟悉性和回想的分离贡献有限。另外，该范式的局限除了任务分离法所共有的双任务操作不对等任务的特点之外，还有反应方式上的缺陷。用这两种测试所得的分数反映不同的认知加工是不恰当的，因为这两种反应所得的数据不是同一类型，不能直接比较。

3. 项目/联想再认比较范式：是否加工关系信息

再认记忆的一些模型认为，熟悉性仅仅反映单一项目的记忆强度方面的加工，而回想则同时反映单一项目及项目间关系信息的检索（如 Atkinson 模型、Mandler 模型、Jacoby 模型和 Yonelinas 模型等）。那么，被试的回想过程就可以通过项目内或项目间关系的联想再认来测量。

比如，通过询问被试"两个项目在学习阶段是否一块呈现"或"是否先后呈现"来测量联想的单纯效应，通过询问被试"某单一项目是否呈现过"来评估熟悉性和回想的混合效应，最后通过比较联想的单纯效应和混合效应来得出一定的结论。

项目/联想再认比较范式与反应速度范式相比，其优势是被试所接受的指导语是单一的。但是，该范式的逻辑基础并不坚实。因为很多研究发现，在某种条件下，熟悉性也能反映项目内或项目间联想信息的加工（Yonelinas，2002；Ryals & Cleary，2012）。

综上所述，任务分离法为熟悉性与回想的实验性分离研究提供了相对有效的评估方法，在再认记忆领域曾得到广泛的应用，并取得了丰富的成果。但其公认的局限是熟悉性与回想的指导语不统一，对两者效应的评估不太准确，这可能是很多研究结果不一致的原因之一（Jacoby & Dallas，1981）。

（二）加工过程估计法

加工过程估计法是针对任务分离法的局限而提出的。该方法首先根据某种心理测量理论建立一整套的等式方程或数学模型。其次，利用模型中的不同参数来分别估计熟悉性与回想在理论上的效应。最后，要求被试在一种条件下仅仅执行某一种再认任务，并通过比较模型估计的理论数据与实际观测数据，来对熟悉性与回想之间的关系做出推断。

一般的做法是：首先对回想进行测量，被试能够回忆出一个给定的项目，并且能确定最初学习该项目的时间、地点或体验等信息之一；然后对熟悉性进行测量，如果被试无法回忆起学习过的项目的情境性信息，只有熟悉性感觉，那么可以根据熟悉性的主观感觉做出再认判断，即无回想条件下的再认判断。那么，这时的条件概率值就可以作为熟悉性效应的量化指标（Yonelinas，2002；Jacoby & Dallas，1981；Mandler，1980；樊晓燕、郭春彦，2005）。下面简要介绍加工估计框架下几种广泛使用的范式。

1. 加工分离范式：跨通道再认

该范式由 Jacoby（1991）提出。基本程式是：首先建立条件概率的理论模型，然后进行实际数据的测量。在学习阶段，先把一些单词以视觉形式呈现给被试，接着再以不同的听觉形式呈现另外一些不同的单词；在测试阶段，给被试呈现之前学过的所有单词，要求被试执行两种测试任务：包含测试（the inclusion test）和排除测试（the exclusion test）。

包含测试。要求被试在所有测试单词中再认出"哪些单词在视觉条件下学习过"。这时，那些在视觉条件下呈现的单词，其正确再认率（P）就反映了回想效应（R）和熟悉性效应（F）的总和，可用方程［P（包含）$= R + F - RF$］来表示。其中，RF 表示熟悉性与回想同时发生的条件概率。

排除测试。要求被试在所有测试单词中再认出"哪些单词在听觉条件下学习过"。在这种条件下，要求被试排除视觉条件下学过的单词。这时，在该条件下没有正确排除的单词则主要是由视觉条件下的熟悉性效应引起的，因而其概率反映了无回想条件下的熟悉性效应，可用方程［（P（排除）$= F（1-R）$］来表示。

研究者利用以上两个方程来分别估算熟悉性与回想的单纯效应，然后，通过实验的具体设计所涉及的变量，检验某一变量对熟悉性与回想效应的影响，以此对两者的关系做出推断。

加工分离范式为熟悉性的测量提供了有效的新思路，很快得到广泛的认可和应用。但是，该范式也有局限性。首先，仅仅要求被试回想单词的呈现条件，对被试回想的内容进行了严格限定，这种方法对回想效应的测量过于苛刻。实际情况是，被试也可能根据单词的语义或其他信息做出正确的回想判断。因而，该范式对回想的评估是有偏差的，进而对熟悉性的评估也是有偏差的。其次，该范式使用了包含和排除两种不同的测试指导语，这可能影响到模型的参数估计。最后，该范式假定熟悉性效应在包含和排除测试过程中是恒定不变的。而实际情况是，无论先进行哪个测试，第一个测试都会影响到第二个测试的熟悉性判断。

2. 记得/知道范式：是否记得

该范式最初由 Tulving（1985b）提出，是目前使用最广的经典范式之一。一般做法是，首先要求被试学习一些项目，然后要求被试判断某项目是否学过，并报告这一判断的记忆依据是"记得"还是"知道"。如果被试把一个项目判断为"学过"的同时，还能回想与该项目有关的细节信息，被试就做出"记得"反应；相反，如果被试只是"知道"自己学过某项目，却不能"记得"或回忆起任何内容，被试就做出"知道"反应。该范式把所有"记得"反应的概率作为回想的测量指标，而把所有"未记得"和"知道"反应同时发生的条件概率作为熟悉性的测量指标（Yonelinas & Jacoby，1995）。

这一范式的最大优点是，对熟悉性效应与回想效应的测量并不通过两种不同的测试成绩来间接获得，而是直接通过被试的主观报告来实现。很多研究证明，记得/知道范式是评估熟悉性比较有效的方法之一。

但其也存在局限。首先，被试对指导语很难准确地把握。比如，在很多情况下，被试对项目的主观反应虽然是"记得"，却不能报告出任何与项目有关的细节内容，这造成了测量的误差或不准确问题（Yonelinas et al.，2010；Mickes，Hwe，Wais，& Wixted，2011）。其次，被试对每一个测试项目必须做出"学过/没学过"或"记得/知道"的反应，这种二项迫选的方式并不完全符合熟悉性过程的分布特点。有研究表明，基于熟悉性的再认过程更多表现为一种连续性的信号检测过程（Yonelinas et al.，2010）。最后，在记得/知道范式中，回想效应（"记住"反应）参与了最终的数据处理，并与熟悉性效应直接比较，而直接比较这两种不准确的测量指标，可能造成最终结果处理过程中的错误效应积累问题。

3. ROC 程序范式：操作曲线是否线性

Yonelinas（1994）在反对单一加工理论的单一信号检测理论基础上，提出 ROC 程序范式，这是一种依赖统计分布的方法。由于单一加工理论主张熟悉性与回想是同一种加工过程，据此推断，被试对学过的（信号）和未学过的（噪音）再认反应就应该符合单一方差的高斯分布。也就是说，被试的再认判断仅仅基于记忆信号的激活强度这一单一变量。当强度超过被试的主观决策标准时，则成功再认。据此推断：如果单一加工理论的预测为真，那么在某一确定的条件下，被试的决策标准应该是不变的，其击中率与虚报率的比值应该遵从线性回归关系。然而，实际观测到的数据却是曲线而非线性。这说明，被试进行再认判断很可能遵从两种不同的标准，这一结果与双加工理论的预测相符，这就是 ROC 程序范式的基本逻辑。

ROC 程序范式假定，熟悉性反映一种连续的信号检测过程，新旧信号的分布遵从等方差的高斯分布。而回想则反映一种"1/0"或"有/无"二分的阈限检索过程，新旧信号的分布是不连续的。该范式最大的优势就是把信号检测理论与再认记忆理论结合起来，为熟悉性的研究提供了新思路。

ROC 程序范式最大的局限是，在回收实际数据时，实验者为了描绘一个稳定的 ROC 曲线，必须避免测量作答中信号反应的天花板和地板效应，这就需要每个被试在每一实验条件下，对非常多的新旧项目做出反应。比如，有研究表明，测试项目的数量至少不低于 60 个。然而，很多实验都无法满足这种要求（Yonelinas，2002）。

综上所述，任务分离法和加工估计法都建立在一定的理论或假设的基础之上，各种范式都对熟悉性与回想效应进行了一定程度的测量和评估，为研究者提供了许多可供选用的方法。大量研究表明，虽然不同范式各有优劣，但不同范式指导下的实验结果具有很大的一致性，当然也存在很多分歧。因此，心理学研究者在以往范式的基础上，不断发展出更多更准确的新范式。而新范式的出现，也必然为以往范式无法操作的变量或者悬而未决的争论提供更具有说服力的操作程式和有效的证据。

4. 无辨认再认范式：残词再认

无辨认再认（recognition without identification，简称 RWI）范式（Peynircioğlu，1990）主要通过残词再认任务进行熟悉性的测量，残词再认任务是在遗忘症病人研究中广泛使用的残词补全任务基础上发展而成的。

其中，残词补全任务的基本步骤是：首先给被试呈现一些单词（如 RAINDROP、AMETHYST 等），要求被试学习；再在测试阶段提供一些与学习单词相似的残词（如 R_ I_ _ R_ P）以及完全不同的残词（如 S_ Q_ E_ _ E），要求被试根据在学习阶段学过的单词，对测试阶段呈现的残词进行补全，并对所有残词的补全结果进行 0（肯定没学过）到 10（肯定学过）的信心度评分。结果发现，即使对那些不能完成补全（无法辨认）的任务，被试也能够通过"猜测性质"的信心度评分，成功地区分开学习过的与没学习过的单词。即对学过单词的信心评分高于未学过的。

无辨认再认范式的基本逻辑是：若无辨认再认判断运用了回想过程，那么被试无论如何都可以利用检索到的部分信息，对残词进行不同程度的补全。但实际情况是，被试能在根本无法做出任何补全的情况下，对残词进行可靠再认。这说明，无辨认再认效应与回想无关，可能与熟悉性或者某种无意识的加工成分有关（Cleary & Greene，2001；Cleary & Specker，2007）。

虽然 ERP 的有关研究发现，无辨认再认效应与 N 300 指标相关联，主要反映再认决策中的某种无意识加工，而与反映传统范式中的熟悉性加工的 FN 400 指标并不关联，但这一问题目前还在争论之中（Ryals，Yadon，Nomi，& Cleary，2011）。

5. 无线索回忆再认范式

近一段时期新发展的无线索回忆的再认（recognition without cued recall，简称"RWCR"）范式是 Cleary（2004）在无辨认再认范式的基础上创设的，继承了无辨认再认范式的基本原理和程序。该范式把无辨认再认范式的残词线索改为非词线索，每一个实验组块的单词材料库都由大量的单词及各个单词所对应的非词组成。来自遗忘症病人和正常被试的大量研究为该范式积累了宝贵的支撑资料。

无线索回忆再认范式的实验程序仍然包括学习和测试两个阶段。比如，在学习阶段，先从总的词库中完全随机地选取 30 个单词（如 forehead 等），系列地呈现给被试，并要求记忆。紧随学习阶段之后，测试阶段给被试依次提供 60 个非词线索，这些非词与学习过的单词在单词组成、字的构成或发音等知觉特征方面具有不同程度的相似性。比如，给被试提供字形相似的非词（foneheed），而不是无辨认再认范式中的残词（f_ n_ _ e_ d）。其中，一半的非词与学过的单词（如 forehead）具有相似特征，而另一半非词则不相似。要求被试进行双重任务操作：任务一要求被试根据非词线索对学过的类似单词进行回忆并写出来；紧接着是任务二，无论被试能否写出来学过的单词或信息，都要求被试在从 0（肯定没学过）到 10（肯定学过）的量表上，对所有的非词进行熟悉性评分，即"是否与学习阶段学过的单词相类似"。每个组块完成后，可自由选择休息几分钟，再进行下一个组块，直到所有实验组块全部完成。

实验的数据分析只关注那些未被成功回忆的单词，当被试不能回忆任何信息时，也能够成功区分或再认学过的项目和未学过的项目，即发生熟悉性效应（Cleary，2004）。有研究表明，无线索回忆再认范式所测量的是双加工理论传统范式中的熟悉性效应，与记得/知道范式中的"知道"反应一致（Ryals et al.，2011）。另外，无线索回忆再认范式与神经生理方面的 fMRI 研究相结合，检验了单词和场景两种刺激的熟悉性与有线索回忆再认的神经定位问题。结果发现，对单词和场景进行回想的激活脑区虽然有所不同，但回想的激活区域都与海马部位有关，而熟悉性效应则都与右侧嗅周皮层的激活有关，这一结论与以往很多相关研究结果一致（Ryals，Cleary，& Seger，2013）。这表明，有线索回忆再认与无线索回忆再认这两种情况下激活的对应脑区不同，熟悉性与回想存在脑功能方面的分离，为无线索回忆再认范式提供了神经生理学方面的证据。

综上所述，在双加工理论的传统研究中，任务分离法占据重要的位置。但是，该方法也有公认的局限，即要求被试接受两种不同的任务，对回想和熟悉性的测量是不对等的，无法准确估计各自的实验效应。比如，回忆/再认比较范式要求被试遵循两种不同的指导语，进行不同的任务操作（回忆或再认），并对被试两种情况下的反应进行比较，这很难说是对等的测量（Yonelinas，2002）。

加工过程估计法改善了任务分离法的不对等测量的缺点。该方法对熟悉性与回想的测量，无须通过不同测试任务间接获得，而是通过被试的主观报告直接实现。研究证明，加工过程估计法是一种评估熟悉性效应的有效方法（Tulving，1985a；Evans & Wilding，2012；Mickes，Seale-Carlisle，& Wixted，2013）。但是，该方法也存在缺点。此处以广泛使用的记得/知道范式为例来分析加工过程估计法的缺点。很多研究表明，在记得/知道范式的具体实验操作中，被试很难准确地把握其指导语，造成很多误解。比如在很多情况下，被试对测试项目的主观反应为"记得"，事后却不能报告出所"记得"项目的任何内容细节，这造成熟悉性和回想的测量不准确问题（Yonelinas et al.，2010；Mickes et al.，2011）。被试对每一个测试项目必须做出"学过与未学过"或"记得与知道"的二项迫选，这种做法并不符合熟悉性再认决策的特点。因为熟悉性加工更多表现为一种连续分布的信号检测过程（Yonelinas et al.，2010）。在最终数据处理中，由"记得"反应评估所得的回想效应参与最终的数据处理，并与熟悉性效应进行直接比较，这是值得商榷的做法。因为先前有关熟悉性与回想的测量是不够准确的，直接比较这两种不准确的信息，有可能导致更大的错误积累问题。

相对而言，无线索回忆再认范式具有五个方面的优点。第一，该范式吸取了任务分离法的双重任务操作程式，要求被试根据线索进行回忆，并对无法回想的项目进行熟悉性评分，作为熟悉性的测量指标，这相对控制了被试对指导语的误解。第二，该范式继承了记得/知道范式的加工分离优势，还考虑了熟悉性连续性的信号检测特点。一是无线索回忆再认范式要求被试对回想失败的项目进行信心度的自我报告，无须依靠不同的测试任务评估熟悉性效应。二是无线索回忆再认范式采用"0~10"连续量尺，比较符合熟悉性的连续分布假设。相关研究也证明，熟悉性效应在大多数情况下与"记得/知道"中的"知道"反应是一致的（Ryals et al.，2011），但具有连续性的信号检测特点，更符合双加工理论关于熟悉性的连续性假设。第三，最终结果处理只分析回想失败的项目，回想的成绩并不参与其中。运用无回想情况下的新旧项目的区分能力作为熟悉性的评估指标，避免了错误效应积累问题，对熟悉性效应的测量更加准确。第四，无线索回忆再认范式的基本思想和程序来源于以往遗忘症病人的研究，并已广泛使用于正常的被试群体。在无线索回忆再认范式的指导下，Cleary等人也已经开展了大量针对正常被试群体的研究，为熟悉性与回想的实验性分离问题提供了大量的正常人证据。因而，该范式具有坚实的研究实践基础。第五，无线索回忆再认范式可使用的实验材料并不局限于以往的词表学习任务。该范式可操纵的实验材料很多，如字母、单词、脸孔、客体、景物、场景以及客体项目间关系等，这些材料贴近真实情景，使得该范式指导下的实验研究极具生态化的特点。

二　变量操作与问题争论

人们运用各种研究范式来探讨熟悉性加工的特点，一般通过操控某些变量来实现。熟悉性加工在这些变量上的独特表现，不但可以区分熟悉性加工与回想加工，同时也描述了熟悉性加工的特点。概括起来说，熟悉性的实验研究大多通过学习阶段的编码、测试阶段的检索、实验刺激变量、特殊被试群体和神经监控技术等五个方面的变量操作，来探讨熟悉性加工的特点。

（一）熟悉性研究操作的变量

学习阶段的编码操作（encoding manipulations）包括加工水平（levels of processing）、单词生成（generation）、分散注意（dividing attention）和学习持续时间（study duration）等。加工水平一般是指要求被试对一个刺激的知觉进行加工。与刺激的意义加工相比，基于意义的加工（meaning-based processing）比基于知觉的加工（perceptual-based processing）更能促进回想效应，而对熟悉性的效应影响相对较小。比如，在学习阶段，要求被试学习单词的位置是在上边，还是在下边？一个单词的语义是具体的，还是抽象的？这种不同加工水平的学习是否会导致测试阶段回想效应的增加以及熟悉性效应较小而持久的增加？单词生成是指要求被试根据材料生成一个单词。比如，给被试呈现一些随机排列的字母让被试拼成一个单词等，较之要求被试阅读一个单词，其更能促进回想效应，而对熟悉性效应的影响则相对较小而持续。分散注意是指要求被试在加工测试项目的同时执行另一项任务。因为熟悉性加工更多依靠流畅性，这种分心操作的任务更能干扰回想效应，而对熟悉性加工影响较小。学习持续时间是指单纯学习时间的增加对回想和熟悉性效应的影响会存在不同，快速学习类型和难度学习类型对回想和熟悉性的影响不同。

测试阶段的提取或检索操作（retrieval manipulations）包括检索时间（retrieval time）、感知匹配（perceptual matching）、分散注意（divided attention）和遗忘率（forgetting rates）等变量。其中，检索时间是指在测试阶段要求被试又快又准确地做出反应，与无时间限制的难度测试相比，这种反应更有利于熟悉性效应。而在难度测试中，熟悉性的贡献又可能比回想更早出现。感知匹配是指在测试阶段改变学习阶段学习材料的知觉通道。比如，把一个视觉呈现的单词改变为听觉呈现，这种通道的改变可能极大地干扰熟悉性加工，而不太影响回想过程。分散注意，在测试阶段的分心操作可能极大地干扰回想加工，但对熟悉性的影响较小。遗忘率是指在测试之前较短时间延迟条件下的遗忘比率。比如，延迟 10 秒的时间或者在学习阶段和测试阶段插入 8 ~ 32 个无关项目的干扰。其更能干扰熟悉性加工，对回想几乎没有影响。然而，较长时间的延迟，比如几分钟或者几个月的延迟，则对两者都有影响。测试阶段的变量还有很多。比如，测试阶段流畅性的操作（fluency manipulations）、错误再认（false recognition）和转换反应标准（shifting response criterion）等。这里无法一一尽述。

实验刺激变量（stimulus variables）包括词频（word frequency）、新项目与新联结（new items and new associations）等。其中，词频是指单词的日常使用频率，有高频词、低频词等。绝大部分研究发现，词频对回想和熟悉性的影响都很大，相比较而言，词频对回想的影响更大，即所谓的高频回想优势。新项目和新联结在熟悉性研究中是一种刺激变量，通过刺激属性的变化诱发不同的加工优势。很多研究发现，回想能够支持新项目的学习和新联结的记忆，熟悉性也能够支持新项目的学习，但仅在一定的条件下支持新联结的记忆。

特殊人群（special populations）变量是指遗忘症病人（amnesics）、老年人（the aged）和额叶病变病人等。遗忘症病人损伤海马和旁颞叶区域，回想和熟悉性都受到损伤，但在回想方面有更大的损伤。相比较而言，选择性的海马损伤破坏了回想过程，却对熟悉性没有影响；正常老化破坏了回想过程，但对熟悉性影响不大；背外侧前额叶皮质的损害导致回想减少，但较少或没有影响熟悉性。

除此之外，还有事件相关电位（event related potentials）和脑成像（neuroimaging）等神经监测（neuromonitoring）研究，也表明回想和熟悉性的脑结构和功能方面是分离的。很多研究结果认为，嗅周皮层可能对于项目内联结再认和可以整合的领域内项目间联结再认有重要作用，而跨领域项目间联结再认在海马完成。来自 fMRI 和 PET 的研究也发现，海马与回忆相关，而旁海马区域尤其是嗅周皮层与熟悉性相关（Holdstock，2002；Mayes et al.，2004；Yonelinas，2002）。这里不再赘述。

（二）熟悉性加工水平之争

就熟悉性的具体加工过程而言，迁移恰当加工理论（transfer-appropriate processing theory；Roediger，1990）认为，在实际的学习－再认情景中，学习编码和测试反应阶段往往混杂着两种相对独立的加工：知觉驱动的加工（perceptual-driven processes）和概念驱动的加工（conceptually-driven processes）。

知觉驱动的加工也被称为数据驱动的加工（data-driven processes），主要是指由测试材料的感知觉信息或数据发起和引导的加工。被试对这些信息的加工是一种自下而上的直接加工，属于较浅层次的加工。知觉驱动的加工常常要求被试对自己从没见过的客体或脸孔图片和文字材料进行编码，这时被试的加工就以知觉驱动的加工为主。知觉驱动的加工常常通过图片再认、脸孔再认、残词补全、词干补笔（word stem completion）和单词辨认（word identification）等测试任务来进行测量或评估。被试在这些测试中，对知觉特征方面衰减的刺激，如残词（m_ t_ l_ ）或者快速呈现的单词等，进行填补或者辨认。由于在这种条件下的再认测试成绩对呈现通道、大小写等感知觉特征的改变非常敏感，而对概念信息的变化并不敏感，我们认为，在这种情况下，被试的加工主要是针对刺激的外部物理属性等信息进行的，以知觉加工为主。

概念驱动的加工则主要反映被试主体发起的自上而下的加工，涉及精细化解释（elaborating）、组织（organizing）和重构（reconstructing）等深层次加工，这与长时记忆中的概念－语义系统（conceptual-semantic system）的加工有关（Jacoby，1983；Schacter，1987a，1987b；Roediger &

Blaxton，1987）。在具体的心理学实验中，研究者往往通过操控学习材料、指导语和测试类型等变量，来确保和控制被试加工的单一性，以此达到对某一类加工过程的单独评估。以概念驱动为主的加工主要通过单词联想（word association）和样例生成（exemplar generation）等概念性的测试任务来评估。这些测试要求被试根据学过的单词（如"铅笔"）迅速生成另一个概念关联词（如"钢笔"），或者由一个学过的范畴词（如"水果"）迅速生成范畴样例（如"苹果"）。在这类任务中，被试的加工主要是针对刺激所关联的意义属性进行的。所以该条件下的再认测试成绩对概念性的操作非常敏感，而对知觉性的操作并不敏感，这种加工以概念加工为主（Rajaram & Roediger，1993）。

熟悉性研究的热点问题之一——熟悉性的加工水平之争主要包括：熟悉性与回想是同一种加工，还是两种独立的加工？熟悉性加工主要是一种知觉驱动的加工，还是一种概念或语义驱动的加工？具体地说，熟悉性加工是否与回想加工一样可以反映深层次的概念（concept）、语义（semantic）、项目间关系等基于意义的信息加工（meaning-based information processing）？

目前，有关熟悉性与回想的理论框架、实验范式、实验条件以及结果解释等许多方面仍然存在分歧，这使得熟悉性与回想的关系问题还存在争论（Wixted & Mickes，2010；Yonelinas et al.，2010；Mickes，Wais，& Wixted，2009）。目前，该领域的研究已经将重点转向熟悉性的加工机制方面：熟悉性与回想的加工特点是否相同？如果说回想是一种局部信息检索的加工，反映的是一个节点或局部信息的激活到另一节点的部分或局部信息的检索，那么熟悉性的加工机制是怎样的呢？是否涉及语义加工的问题？熟悉性加工的特点是局部特征检索还是整体匹配？

三 单一加工理论：激活强度

围绕熟悉性加工的有关争论，研究者进行了各种实验。为了解释不同的实验结果，又提出许多记忆的理论模型，每种模型对熟悉性与回想的深层机制都有独特的阐述（Criss, Wheeler, & McClelland, 2013；Wais, 2013；Ingram, Mickes, & Wixted, 2012；Brown & Aggleton, 2001）。概括起来，根据对熟悉性与回想关系的看法，可以划分为两个对立的阵营：单一加工理论（single-process models，简称 SPM；Diana, Reder, Arndt, & Park, 2006）和双加工理论（dual-process theories，简称 DPT；Yonelinas, 2002）。

单一记忆系统假设，主要是在记忆的整体匹配模型（global matching models；Gillund & Shiffrin, 1984；Hintzman, 1988）的基础上演变而来的（Diana, Van den Boom, Yonelinas, & Ranganath, 2011）。此外，还整合了多重痕迹模型（multiple-trace models）、复合向量模型（composite-vector models）以及联结主义网络模型（connectionist networks-models；Kortge, 1990；Ratcliff, 1990）等的部分观点（参见 Heit, 2010）。虽然这些记忆模型在一些具体问题上存在观点差异，但都可统称为基于熟悉性的或基于强度的模型（familiarity or strength-based model）。

该类模型一致认为再认记忆依赖于记忆信息的激活强度。再认记忆是单一连续的加工过程，熟悉性与回想只存在回忆量方面的差异，没有质的不同。不同的是，基于熟悉性的再认对应着记忆信息的较弱激活状态，是一种较弱程度的回忆形式；基于回想的再认则对应着记忆信息的较强激活状态，是一种相对较强的回忆形式（Brown & Aggleton, 2001）。对于人类的再认而言，不需要再假设额外的记忆过程或类型。也就是说，不需要再额外地假设一种依赖于间接搜索（indirect-search）的回想过程（Rotello & Heit, 1999）。概言之，熟悉性与回想是同一种类型的加工，两者之间的差别仅仅存在于激活强度方面（Dunn, 2004；McClelland & Chappell, 1998；Shiffrin & Steyvers, 1997）。

记忆的联结主义理论是单一加工理论各模型的深层记忆基础。该理论认为，在长时记忆中，客体的表象和单词都是以节点的形式进行表征的。每个节点都包括了对应客体的物理知觉特征和语义概念特征，各节点间的联结表征客体间的情境性关联关系（Raaijmakers & Shiffrin, 1992）。在再认的加工过程中，测试线索与长时记忆中的其他有关信息都以单缝连接的形式来进行表征，并且依靠节点之间的扩散激活（spreading activation），对有关信息的部分或全部相似性（local or total similarity）进行平行的、广泛性的激活。其激活方式以激活强度为主，通过直接存取（direct-access）、全/无激活（all-or-none activation）或者连续激活（continuous activation）的方式进行。

当一个刺激被全部激活时，一般受到以下因素的影响：测试线索的熟悉性、测试线索与记忆内容的匹配程度、测试线索对记忆内容的激活程度。这三个因素都与再认记忆的强度有关。因此，单一加工理论是一种单一信号检测模型（signal-detection models）。当信号的总激活强度由低到高超过某一阈限时，被试的再认判断就由"知道"上升到"记得"。因此，人们认为某个测试线索曾经学过，从而做出比"知道"反应更深层次的反应——"记得"，而不是另一种基于回想的再认的额外测量（Clark & Gronlund，1996）。

单一加工理论能够解释很多基于熟悉性或强度的再认现象（Clark & Gronlund，1996；Raaijmakers & Shiffrin，1992），有的模型经过调整后，也能解释回想现象（Malmberg，Holden，& Shiffren，2004）。但是，单一加工理论无法对以下几种现象做出说明：熟悉性再认的判断速度快于回想；熟悉性与回想在操作者特征 ROC 曲线方面存在根本差异；熟悉性与回想的加工脑区不同；特定脑区的损伤可以影响回想，却不影响熟悉性；熟悉性与回想在单一项目和多个项目间关系的加工方面存在分离现象；熟悉性对知觉信息更加敏感，而回想对某些语义信息更加敏感。这都说明，熟悉性与回想存在行为方面、脑功能方面和脑损伤方面的实验性分离，并不支持单一加工理论框架的预测。可见，人类的再认记忆除了熟悉性加工过程之外，还需要假设另一种与之相对立的、类似线索回忆的再认加工过程。这是再认记忆的核心问题之一，该问题的答案越来越明朗。人们慢慢开始质疑单一加工理论的预测，大部分行为实验和脑成像证据都支持再认记忆还需要假设另一种类似回忆的加工操作（recall-like process operates）——基于回想的再认观点，才能合理地解释以上现象（Atkinson & Juola，1973，1974；Mandler，1980；Yonelinas，2002；Koen & Yonelinas，2014）。

四 双加工早期模型：感知加工

双加工理论框架下的模型普遍认为，熟悉性与回想相互独立，是本质不同的两种记忆形式。这种观点与单一加工理论相反。基于熟悉性的再认依赖于一种笼统的熟悉感，而基于回想的再认依赖于对先前经验事物或事件细节内容的有意识检索（Mandler，1980；Jacoby，1991；Yonelinas，1994；Reder et al. ，2000；Joordens & Hockley，2000；Cleary，2008；Cleary & Specker，2007）。因为双加工理论是由很多模型组成的理论框架，虽然所有模型都主张熟悉性与回想相互独立的观点，但不同模型所持有的观点也存在很多不同。比如，早期模型就带有强烈的单一加工理论色彩，其关于熟悉性的深层记忆机制的观点与近期模型存在较大差异。下文把双加工理论分为早期模型和近期模型来分别阐述。

双加工理论的早期模型主要包括 Atkinson 模型和 Mandler 模型。这两个模型都主张，知识在记忆中是以节点或节点关系形式进行储存的，这一点与单一加工理论的基本记忆观点相似。但是，这两个模型还主张，熟悉性与回想是两个过程，具有不同的记忆基础，这一点与单一加工理论的观点存在根本区别。另外，这两个模型之间也存在分歧。其中，Atkinson 模型认为熟悉性是回想的条件；而 Mandler 模型则认为熟悉性与回想是两种相互平行、彼此独立的加工过程（Yonelinas，2002）。

（一）Atkinson 的两阶段条件搜索模型（two-phase conditional search model）

该模型由 Atkinson 及其同事提出，主张熟悉性和回想代表两个分离的记忆系统，而回想过程的发动必须以熟悉性过程为条件。该模型认为，大脑的词汇库中有很多节点，每个节点都代表一个独特的单词或者客体。如果被试学过或接触过某个单词或客体，其对应的节点就被激活，其激活强度也会随着时间的推移而减弱。当发生再认的时候，熟悉性反映的是节点的激活。全部节点的激活强度服从高斯分布，熟悉性过程则表现为一种信号检测（signal detection）过程。被试在该过程中主观上设定高低不同的两个强度的激活阈限，并在主观激活的阈限强度与实际激活的强度之间进行比较，以此区分学过的和未学过的项目。当测试线索激活相应节点的实际强度大于主观阈限强度的右侧临界点时（即超过高阈限），测试线索被明确判断为"学过"；当实际的激活强度小于左侧临界点时（即达不到低阈限），则被判断为"未学过"；而当实际的激活强度在左右两个临界点之间时（即介于高低阈限之间），被试产生模棱两可的感觉，难以做出明确判断，这时才需要发动回想搜索过程（Gillund & Shiffrin, 1984）。因此，Atkinson模型是一种条件搜索模型（the conditional search model；Yonelinas, 2002；李岩松、周仁来，2008）。

根据两阶段条件搜索模型的观点可知，Atkinson 主张，熟悉性过程是在回想之前发动的，而且熟悉性加工仅仅涉及浅层次的节点激活，并不能反映节点与节点间的时间、空间或体验等深层次语义或意义信息的激活，只有回想才能对更深层次的信息进行检索。因而，熟悉性过程是以事物的感知觉信息的加工为基础的。这一观点可以解释下面的现象：熟悉性的加工速度快于回想；熟悉性对语义信息的敏感性低于回想；熟悉性对客体间关系信息的敏感性低于回想。但是，Atkinson 模型无法解释熟悉性对项目或项目间关系中某种特殊语义信息的加工优势，比如单词的正字法、场景的空间框架结构及项目间的语义类比结构等（Cleary, 2004；Ryals & Cleary, 2012；Cleary, Ryals, & Nomi, 2009；Aly, Ranganath, & Yonelinas, 2014）。

（二）Mandler 的平行搜索模型（parallel search model）

该模型由 Mandler 及其同事提出，并继承了 Atkinson 模型的节点假设，认为熟悉性仅仅反映感知觉特征的直接激活，而回想则主要反映项目的背景信息或者项目间的情境性关系信息等间接搜索过程。不同的是，该模型认为熟悉性与回想是相互平行、彼此独立的两个过程。Mandler 模型虽然可以解释熟悉性在时间上的衰减慢于回想的现象，但仍然主张熟悉性仅仅反映项目内各成分的知觉加工，而不反映项目语义或项目间关系等语义信息的深层加工。可见，在有关熟悉性的加工水平这一问题上，Mandler 模型与 Atkinson 模型的观点是一致的，都认为熟悉性不涉及深层次语义信息的加工。这无法解释某些特殊的概念、语义关系或项目间深层结构信息引发的熟悉性现象。

五　双加工近期模型：意义加工

双加工理论的近期模型主要包括 Jacoby 模型、Tulving 模型和 Yonelinas 模型等。这三个模型的共同点是，都主张熟悉性与回想是两种平行独立的加工。该类模型认为，在长时记忆中，不同类型的信息具有自己独特的储存形式和加工方式，如单个项目的感知觉特征、语义特征或语义关系特征等信息的加工，都分别对应不同的加工过程或记忆系统，而且不同的信息遵循各自不同的再认提取方式。

（一）Jacoby 的加工流畅性模型（processing fluency model）

该模型由 Jacoby 及其同事提出，主张熟悉性是一种自动化的加工，而回想是一种分析性的、有意识的控制性加工，两者相互平行、彼此独立。产生熟悉感的深层记忆基础并不是项目特征的节点激活，而是信息加工的流畅性。也就是说，当被试再次见到以前学习或加工过的项目时，较之未学过的项目有一种加工流畅性，如知觉流畅性和概念流畅性。据此推断，如果任何先前学过的信息都可能导致再认时的加工流畅性，那么熟悉性就可以同时反映知觉和语义加工。因为，任何信息的再次加工都存在加工流畅性的问题。

但是，加工流畅性模型很难解释以下现象：项目刺激的个别属性以及孤立的单一项目的加工无法引发熟悉性效应，而项目的不同组成成分之间或者不同项目之间构成的整体结构性加工却能引发熟悉性效应（Kostic, Cleary, Severin, & Miller, 2010；Ryals & Cleary, 2012）。按照加工流畅性的观点，被试加工过的个别或整体信息都能够自动引发熟悉性效应，显然实际情况并非如此。因而，熟悉性感觉的产生并不仅仅是加工流畅性的作用。

（二）Tulving 的语义记忆系统模型（semantic memory systems model）

该模型由 Tulving 及其同事提出，主张熟悉性和回想反映了生理结构上（具体脑定位问题还存在争论）和功能上分离的两个独立的记忆系统。Tulving 模型的观点主要来自内隐记忆的多重记忆系统假说。该假说认为，在人类的大脑中存在多个记忆系统，每个系统的功能是相对独立的（Squire，Cohen，& Nadel，1984；Tulving，1972）。其中，陈述性记忆系统可以被分为情景记忆系统（episodic memory-system）和语义记忆系统（semantic memory-system）。

情景记忆系统储存了被试的个人经验或者各种经验之间的情境性联系等信息。在再认时，人们对情景记忆信息的成功提取依靠回想过程，这一过程可以使被试产生一种重新经历先前事件的有意识体验，即有一种"我记得我学过"的体验，从而做出"记得"（remembering）反应。语义记忆系统则储存了脱离个人经验的一般性的抽象知识，人们对这些信息的成功提取依赖于熟悉性过程，这一过程并不伴随细节性信息的重现，但能够使被试产生一种"我知道我学过"的有意识体验，即使被试在再认时做出"知道"（knowing）反应（Yonelinas，2002）。

语义记忆系统模型认为，情景记忆系统反映回想加工过程，语义记忆系统则反映熟悉性加工过程，人们再认判断需要两个记忆系统同时参与。在被试对某一项目进行学习时，所有的信息首先进入语义记忆系统进行一般性知识的加工，之后再进入情景记忆系统进行细节性信息的加工。但是，在进行提取时，回想和熟悉性两种过程却是相互独立、互相平行的。据此观点可知，熟悉性过程可以反映脱离被试体验的抽象性结构知识的再认（语义记忆系统），而不反映项目与时空信息或体验信息之间的情景性联结关系信息的检索（情景记忆系统）。这一观点可以解释抽象结构性信息引发的熟悉性现象，也可以解释熟悉性与回想在项目和项目间关系的分离现象。

（三）Yonelinas 的双加工信号检测模型（dual-process signal detection model，简称"DPSD"）

该模型由 Yonelinas 及其同事在大量实验的基础上提出，并吸收了以上各模型的大部分合理成分（Yonelinas，1994；Yonelinas et al.，2010）。其采纳了 Mandler 模型、Jacoby 模型和 Tulving 模型关于回想和熟悉性的独立平行观点，保留了 Atkinson 模型的信号检测假设。双加工信号检测模型认为，回想和熟悉性的加工信息是不同的。熟悉性反映记忆信息的量（quantitative）方面的连续性评价，主要表现为项目的连续激活强度是否超过了某一激活阈限等定量信息的提取等；而回想所反映的是记忆信息的质（qualitative）方面的阈限提取过程，主要表现为一种全有或全无的方式，比如学习的地点、时间以及当时的情感体验等定性信息的提取等。双加工信号检测模型还认为，只有回想才能反映项目间的新联结信息的加工，而熟悉性只有在被试能够把不同项目刺激编码成某个统一的整体项目时（比如整合成一张脸孔或者一个鼻子时），才反映新联结信息的加工。可见，Yonelinas 模型支持熟悉性在某种特殊条件下能够反映客体间关系信息的加工。除以上模型外，双加工理论还包括神经解剖学模型（the neuroanatomical models），该模型主要致力于熟悉性与回想两种再认过程的脑功能定位的研究。大部分研究普遍认为，海马是回想过程的重要脑区，而海马以外的颞叶区域与熟悉性有关。这里不再赘述更详细的内容。

综上所述，Jacoby 模型强调信息的加工流畅性，Tulving 模型强调不同信息的分区储存和独立提取，Yonelinas 模型则关注不同信号的独立检测特点等。与早期模型不同的是，近期模型都主张熟悉性过程有可能反映某种特殊的概念、语义或语义关系信息的加工，只是这些语义信息与回想所反映的信息有所不同。

六　理论发展趋势

在单一加工理论框架和双加工理论框架中，各个模型都对熟悉性和回想的关系问题做出了各自不同的回答。目前，各种理论开始出现整合趋势。比如，在项目/联想再认比较范式研究的基础上，联想检索（associative search）的观点开始与源记忆（source memory）研究相结合，并提出 Yonelinas 整合假设；在 ROC 程序范式研究的基础上，双加工理论的双加工信号检测模型与单一加工理论的单一信号检测模型相融合；最重要的是出现了单一加工理论的整体匹配模型与双加工理论的融合趋势和模型，比如 RWCR 的整体匹配模型等（Clark & Gronlund，1996；Ryals & Cleary，2012）。无论如何，越来越多的实验性分离证据强有力地支持了熟悉性与回想彼此独立的观点（Moulin，Souchay，& Morrisb，2013；Libby et al.，2012；Yonelinas，2002）。

另外，从上文可知，再认记忆的单一加工理论与双加工理论关于熟悉性加工特点的争论，以往很多研究已经对其进行了大量讨论，大致经历了三个阶段（Yonelinas，2002；Addante，Ranganath，& Yonelinas，2012；Wang & Yonelinas，2012）。

（一）单一加工理论的整体匹配理论

熟悉性过程反映感知觉和语义全部信息的激活强度的整体匹配加工。再认记忆的整体匹配模型是单一加工理论中最具有代表性的模型，它主张再认记忆不需要额外假设一个回想的检索过程，只有一个过程，即熟悉性过程。所有的再认判断都基于测试线索项目与学习项目之间的所有信息的总体匹配或总体激活强度的评价，其中包括项目节点的物理和概念特征、项目间的语义关系以及与项目有关的情景类关系信息等的激活（Clark & Gronlund，1996）。所有信息的激活强度符合一种单一连续的信号检测过程，总激活强度的分布呈等方差的高斯分布。如果总的激活强度超过某一阈限，则该测试项目就被判断为"学过"，否则判断为"未学过"（Clark & Gronlund，1996；Wixted，2007）。

在某一个具体的再认测试中，感知觉加工与概念加工到底哪一种更优先，取决于两方面的条件：一是学习阶段的加工是以知觉加工为主还是以概念加工为主，如果学习阶段的加工以概念加工为主，那么熟悉性所反映的就是以概念驱动为主的加工；二是测试线索与学习项目之间的特征相似性或者呈现情景的相似性，如果测试线索提供的相似信息是概念方面或情景方面的，那么熟悉性所反映的就是概念或情景联结信息的深层次概念驱动的加工（Yonelinas，2002）。

总之，单一加工理论认为，感知觉信息与概念信息在熟悉性过程中是被混合在一起处理的。所以，熟悉性不但可以反映浅层次的知觉加工，也可能反映深层次的概念加工。这一假设虽然可以解释人们对很多客体或事件物理特征、概念特征和项目间情景或语义关系的熟悉性现象，但是无法解释人们对项目间的关系信息加工较慢的现象，也无法解释在相同的学习编码条件下，熟悉性对深层次概念信息的加工更不敏感的现象。鉴于此，双加工理论的早期研究者提出了熟悉性与回想在知觉和概念加工之间相分离的观点。

（二）双加工理论早期模型的感知觉加工

双加工理论的早期模型（Atkinson 模型和 Mandler 模型）都认为，熟悉性仅仅反映浅层次的感知觉加工，只有回想才能反映深层次的概念、语义或意义加工。

Atkinson 模型认为，熟悉性仅仅反映人脑的词汇库中单词或客体节点的临时激活，而节点主要表征项目的物理特征。在被试对项目进行再认判断时，首先发动熟悉性过程。被试无法做出肯定判断时，才开始利用被激活的某一节点或项目进一步系统地搜索与该节点或项目相联结的概念、语义、时空关系或被试的体验等深层次信息，即发动回想过程。Mandler 模型虽然并不认为熟悉性与回想是条件搜索的，但也认为熟悉性仅仅反映项目节点的一般性知觉信息的再认，这种浅层次的加工在速度上要快于深层次的加工，只有回想过程才涉及细节性的语义信息的加工（Yonelinas，2002）。

总之，双加工理论的早期模型认为，熟悉性过程只负责较浅层次的感知觉加工。这一观点虽然解释了熟悉性判断快于回想搜索的现象，却无法解释熟悉性涉及某些特殊语义信息加工的现象（Aly et al.，2014）。

（三）双加工理论近期模型的整合加工

熟悉性反映特殊的感知觉和语义信息——整合关系或结构性信息加工。双加工理论近期模型（Jacoby 模型、Tulving 模型和 Yonelinas 模型）认为，熟悉性与回想的分离并不表现在加工水平方面，而是表现在所加工的信息类型方面。特定类型的信息依赖于某种特定的熟悉性过程，或者依赖于某一独特的记忆系统。

比如单词的整体性知觉特征——正字法，其熟悉性加工就依赖于视觉单词生成系统（visual word form system；Tulving & Schacter，1990），而单词间的抽象语义则依赖于语义记忆系统（Tulving，1982）。这些系统储存的信息很特殊，无法通过有意识地回想来检索，而与熟悉性有关（当然也可能与内隐记忆有关，但熟悉性与内隐记忆是否分享同一深层机制这一问题还在争论之中，这里并不展开论述；Voss，Lucas，& Paller，2010；Stenberg，Johansson，Hellman，& Rosén，2010）。因而近期模型认为，熟悉性不但反映感知觉加工，而且在某种特殊的条件下，也可以反映深层次的概念或语义加工。Tulving 模型从情景记忆和语义记忆的划分出发，认为情景记忆系统支持回想过程，可以让回忆者重新体验先前经历的事件，就像重新发生了一样；而语义记忆系统支持熟悉性过程，可以让回忆者产生一种"我学过"的体验，但不伴随详尽内容的再现。另外，Jacoby 模型认为，熟悉性可以同时反映知觉流畅性和概念流畅性。最后，Yonelinas 模型认为，虽然熟悉性对知觉信息更加敏感，但也涉及某种特殊的语义加工。

总之，单一加工理论与双加工理论近期模型都认为熟悉性有可能反映全部信息的加工，不同的是，双加工理论近期模型认为感知觉的信息和语义信息的加工并非以一种量的形式混杂在一起的（单一加工理论观点），而是存在质的不同，不同信息分别储存，独立提取。因而，双加工理论近期模型认为，虽然熟悉性和回想都能反映语义加工，但熟悉性所适宜加工的语义信息类型不同于回想。其中，回想所涉及的语义信息相对具体，易于表达，储存在情景记忆系统之中，依靠联想检索过程实现信息的提取；熟悉性所涉及的语义信息相对抽象，难以表述，储存在特定的记忆系统中或与加工流畅性有关，依靠熟悉性的匹配过程进行提取。可见，双加工理论近期模型提及的语义加工与回想所涉及的情境性意义信息存在质的不同，很可能与概念流畅性或语义记忆系统内的抽象关系或结构性信息有关（Taylor & Henson，2012；Rugg et al.，2012；Yonelinas，2002）。对这些抽象关系或结构性知识的理解，可能涉及被试对这些特殊信息的学习和记忆问题，下面的章节将关注关系与结构信息的学习与记忆部分。

第三章　关系的学习与记忆

学习是指个体在一定的情境下，经过反复地经验而产生的行为或行为潜能比较持久的变化。在个体孕育于母腹中时学习就已经开始，并贯穿个体生命的全过程，这是有机体适应环境的必要条件。学习理论的主要流派包括联结主义学派和认知主义学派。

联结主义学派的代表人物——巴甫洛夫、桑代克和斯金纳等认为，学习就是在刺激和反应之间建立联结的过程，任何复杂行为都建立在"刺激－反应"的条件联结基础上。而认知主义学派则认为，在研究人类的复杂行为时，除了要关心个体可观察的行为反应之外，更重要的是关心刺激与反应之间的中间过程——刺激引起反应和学习行为的内在加工机制。

学习的认知理论阵营后来发展了很多具体的学习理论。比如，格式塔心理学先驱——苛勒通过"猩猩－香蕉实验"提出顿悟学习，强调学习者头脑中已经存储的知识结构对学习的重要性；托尔曼（Edward C. Tolman，1886～1959）则强调学习者大脑中储存的空间环境认知地图等；建构主义的学习观则更加强调被试已有过去经验对新知识的主观解读和组织结构问题等。可见，在人类学习的问题上，心理学家越来越强调人们过去获得的知识结构对学习的影响。

记忆是人脑对过去经验的保持和再现加工，人们通过学习获得的知识，无疑都储存在人的记忆之中。心理学家对记忆的认识经历了漫长的过程，直到如今，对有些问题还在争论不休。但有一点可以肯定：人们对记忆的认识逐渐由单一记忆系统发展到多重记忆系统（见图3－1）。也就是说，为了适应各种不同类型信息的加工和存储，人脑分化出多种记忆子系统。

1972 年，Tulving 等在《记忆的组织》一书中提出情景记忆和语义记忆两个相对独立的记忆系统，认为二者不仅在记忆现象上相互独立，而且神经生理基础也不尽相同（Tulving & Donaldson，1972）。

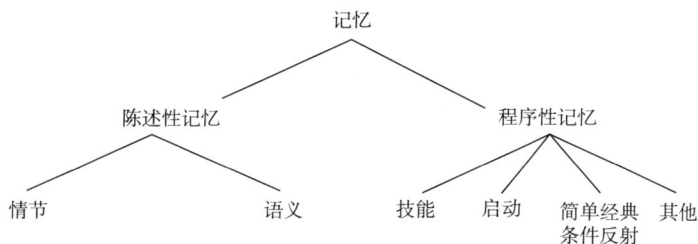

图 3-1 多重记忆系统示意

资料来源：Roediger，1990：1048。

情景记忆又称情节记忆或事件记忆，主要指自己亲身经历的事件的自传式记忆，带有时间和地点等标记，是以时间和空间为坐标对个人亲身经历的、发生在一定时间和地点的情景或事件的记忆。其包含发生在特定时空情境的特定个人经验并涉及重新体验或经历生活特定事件的能力，Tulving 称之为"时间旅行"。比如，上次春节聚会的记忆历历在目，你可以清楚地记住活动内容、参加人员、聚会地点和时间等。情景记忆涉及中颞叶、海马、杏仁核系统和额叶区域。

语义记忆与情景记忆不同，这种记忆存储了我们多年重复学习积累的有关周围世界的一般性知识，是对知识的广泛性组织，一般不包含学习这些知识的地点和时间，不与个体获得记忆的具体经验相互绑定，如"中国的首都是北京""太阳从东面升起""若 A > B，B > C，则 A > C"等。显然，从个人角度来说，"历朝历代中国的首都并不总是在北京"，其他规律也总是有自己的条件。语义记忆一般不与个体获得记忆的具体经验相互绑定，是一个人的心理意义库，以意义为参照，储存一个人掌握的字词符号、非字词符号、符号指代物、符号意义、意义间的联系规则或公式，以及更加抽象的操作这些关系的算法等。语义记忆主要使用语义编码，这是一种抽象的意义编码方式，一般以概念、命题等形式来表征，与形象的表象代码相区分。研究发现，许多临床病人会在语义记忆上受损，如面貌不识症、物体不识症、颜色不识症、地形不识症、失读症等，并且在语义记忆功能的损伤中表现出一种有序的层级现象，相比高层级的知识，低层级的知识更容易被破坏，如有的病人懂得"动物"与"非动物"、"昆虫"与"非昆虫"的区别，但是低层级的知识，如"动物"是否"伤人"等则被破坏了。

综上所述，联结学习强调刺激间的情景捆绑，与情景记忆系统有关；认知学习则强调大脑中已存知识结构对新刺激的整合和解读，与语义记忆系统储存的一般性知识结构有关。下面，我们从刺激联结和结构信息的角度，专门对心理学实验研究中涉及关系结构信息学习和记忆的有关内容进行阐述和分析。

一 关系的学习

在心理学实验中，研究人的心理机制时，一般做法是把"刺激""客体""场景""情景""事件""概念"转换为图形、单词、词语、音频或者视频等实验刺激，再用恰当的方式呈现给被试，要求被试学习；然后进入测试阶段，诱发被试的某种反应，最终推测被试的加工特点。这些诱发被试反应的单个刺激，也常常被称为项目刺激或者项目。

(一)陌生关系联结:情景记忆系统

人们在对刺激进行知觉、记忆和思维加工时，往往需要把不同的特征信息进行捆绑，从而达到对不同的刺激、客体、场景或事件进行分割区辨的目的（Zimmer, Mecklinger, & Lindenberger, 2006）。在特征捆绑或联结的研究中，学习阶段一般给被试同时或先后呈现一些陌生的项目–项目对或项目–特征对，要求被试学习。然后，在测试阶段，给被试提供与学习阶段相同的"旧–旧项目对""旧–旧项目重新排列对""旧–新项目对""新–旧项目对""新–新项目对"等回忆或再认线索，以此探索被试对各种联结或捆绑关系的学习效果或再认特点。

Mayes、Montaldi 和 Migo（2007）从探测"记忆捆绑"（memory binding）的角度，把记忆分为项目记忆（item memory）和联结记忆（associative memory）。也有研究者提出非关系记忆/关系记忆（non-relational memory/

relational memory）的分类（Soei & Daum，2008；Mayes，Montaldi，& Migo，2007）。研究发现，人们对关系信息的加工和非关系信息的加工机制是不同的，关系记忆和项目记忆是分离的（Buchler，Light，& Reder，2008）。比如，对于正常被试而言，联结关系记忆比项目记忆更容易受到老化的影响（Old & Navehbenjamin，2008）；对于精神分裂、创伤后应激障碍和记忆障碍等病理性人群而言，联结关系记忆比项目记忆更容易受到损伤（Acheson，Gresack，& Risbrough，2012；Ryan，Althoff，Whitlow，& Cohen，2000；Waters，Maybery，Badcock，& Michie，2004；Whalley et al.，2009）。总之，关系记忆与项目记忆存在实验性分离，人类的关系记忆可能拥有自己独特的加工机制。需要注意的是，对于特定的加工而言，关系加工和项目加工是相对的，并不是绝对的，这种区分更多地体现在实验操作方面。如果把一个单词看作一个项目的话，那么人们对这个单词的加工可能出现两种情况：人们加工每个字母之间的空间顺序关系以识别这个单词，属于关系加工；人们识别这个单词的语音、语义等则属于项目加工。

就关系记忆而言，这一术语主要表达不同特征、客体、事件或项目等刺激经过捆绑形成项目或情景的记忆。其中的关系结构信息包括位置记忆（location memory）、时间顺序记忆（temporal order memory）、成对项目记忆（item pairs memory）、通道记忆（modality memory）、背景记忆（context memory）、来源记忆（source memory）等，这些记忆都涉及把某一刺激或事件与其发生的空间位置、时间次序、伴随刺激、背景事件等信息相关联的加工。

根据学习阶段和再认阶段的变量操作，可以区分出三种泛指一切与"捆绑"有关的记忆联结。一是项目内联结再认（intra-item associative recognition）：项目的不同特征通过捆绑形成单一项目的记忆。比如，我们所记住的一个汉字包括不同的笔画、颜色和形状，并捆绑成一个具体的完整项目。二是领域内项目间联结再认（within-domain inter-item associative recognition）：相同领域的刺激项目通过捆绑形成的情景记忆。比如，一张脸孔和另一张脸孔、一个词语和另一个词语形成某一可回忆或再认的情景。三是跨领域项目间联结再认（between-domain inter-item associative recognition）：不同领域的刺激项目通过捆绑形成的情景记忆。比如，一张脸孔和一个名字、一个物体和某一空间位置。

在联结记忆的研究中，为了排除被试先前经验的影响，实验使用的刺激材料一般都是被试不熟悉的项目或者联结关系。即被试在学习阶段学习到的是两种或多种信息共同或先后呈现的临时关系，因而刺激间的联结具有很大的情境性。所以，联结记忆研究主要探索的是情景记忆系统中关系信息的加工。

（二）关系信息的内隐学习：语义记忆系统

内隐学习的提出者 Reber（1967）运用人工语法（artificial grammar learning，见图 3 - 2），规定 5 个字母 P、T、V、S、X 的位置（见表 3 -1），来研究被试对不同元素之间所形成的特定关系或结构的学习效果，以此判定人们可以获得自己都没有意识到的结构性知识（Gaillard, Vandenberghe, Destrebecqz, & Cleeremans, 2006）。

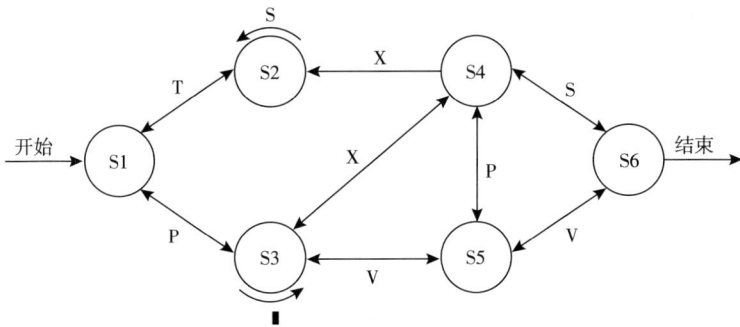

图 3 - 2　限定状态语法图解

资料来源：Reber，1967：860。

表 3 - 1　限定状态语法学习所用刺激项目示例

学习项目	测试项目		
1. PVPXVPS	1. PTTTVPVS *	6. PSXS *	11. TXXVV
2. TSSXXVPS	2. PVTVV *	7. PTVPPPS *	12. PVTTTVV *
3. TSXS	3. TSSXXVSS *	8. PTTTTTVV	13. TSSXXVPS
4. PVV	4. TTVV *	9. TXVPS *	14. PTVVVV *
5. TSSSXXVV	5. PTTTTVPS	10. TSSXS	15. VSTXVVS *

注：＊表示不符合语法的字母串。

资料来源：Reber，1967：860。

另一个重要的内隐学习范式是序列反应时任务（the serial reaction time task；Nissen & Bullemer，1987），该范式来源于人类的自然语言学习现象。与人工语法相似，该范式通过规定不同元素间的空间位置或者不同元素出现的先后顺序，探索一种知觉－运动规则的学习。

另外，内隐学习的研究还发展出复杂系统加工范式与信号检测范式等。无论哪种研究范式，其一般的实验操作都是首先要求被试在学习阶段多次重复学习多个变式刺激序列，然后在测试阶段要求被试判断哪些刺激串合乎实验者预先规定好的语法规则，最后根据被试的正确率或反应时间来判断被试是否习得刺激背后遵循的某种抽象关系或结构。从内隐学习的基本实验操作看，暂且不论被试是否能够通过学习获得某种抽象的语法结构，或者这种学习以及关系结构信息的提取是否是内隐的，至少可以说，通过多次学习，实验者期望被试习得的是与学习阶段呈现的具体刺激无关的抽象关系或结构信息，而语义记忆存储的知识正是我们多年重复学习而积累的知识。另外，实验者也预设了被试习得的这种关系结构信息，作为某种语法，有一定的跨时间的稳定性。这表明，内隐学习研究所关注的关系信息的学习或者提取，与联结记忆关注的情景关系不同，很可能是一种脱离特殊情景的一般性知识。也就是说，内隐学习研究关系信息的加工主要涉及语义记忆。

（三）关系网络或社会结构的学习：语义记忆系统？

De Soto（1960）使用社会结构（social structrue）学习实验来研究被试对社会结构的学习，也称为图式或关系网络的学习（见图 3 – 3）。具体的操作方法是，采用配对联想任务（paired-associates task），让被试学习一个由 A、B、C 和 D 等 4 人组成的社会关系网络，该网络的结构是实验者预先设定好的。首先，研究人员从 12 张人物姓名或者照片中随机抽取两张，呈现给被试。然后，要求被试通过猜测或试误法，判断卡片中两人的社会关系。无论判断正确与否，实验人员都会向被试呈现两人的真实关系作为反馈。反复训练，直到被试对每一对预先规定的人际关系连续两次判断正确，实验结束。一系列研究表明，当社会关系网络的模式或图式符合被试认知中的社会关系图式时，就能促进对该社会关系网络的学习和认识（De Soto，1960；De Soto et al.，1968）。

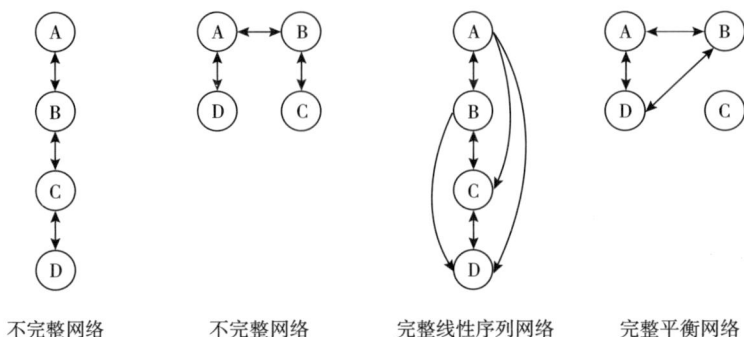

| 不完整网络   不完整网络   完整线性序列网络   完整平衡网络

图 3-3　社会关系网络结构

资料来源：De Soto, 1960：101。

  在社会关系网络的学习中，被试学习的是与自己本身人际关系无关的他人的关系网络，这种关系网络遵循某种预先设定的结构模式，这与内隐学习中抽象语法的操作有一定的相似性。与联结学习和内隐学习相比，社会结构学习所涉及的关系不是两个项目之间的简单捆绑关系或序列关系，而是社会互动关系。更重要的是，社会关系网络学习研究中预定的网络结构是一种较为抽象的关系图式，因而这是一种整体的、被试自己无法言明的、相对特殊的关系结构。这种关系信息与哪种记忆有关呢？虽然目前还没有更具体的资料，至少这是一种非情境性的知识，与情景记忆关系不大，很可能与语义记忆有很大关联。

  综上所述，联结学习、内隐学习和社会结构学习的研究都表明，在日常生活中，人们有可能习得刺激间、项目间、客体间、个体间、情景间或事件间的某些关系信息或结构信息。这些关系信息可能是单一项目内关系，也可能是多个项目间的关系或结构；可能是情景记忆中与特殊情景信息紧密关联的关系信息，也可能是语义记忆中与特殊情景无关的一般性抽象关系或结构信息。这些关系结构信息的提取可能是有意识的，也可能是无意识的。在这里，我们重点关注的是语义记忆中那些一般性的抽象关系结构信息，它们的提取很可能是无意识的。

二 关系的记忆

1994 年，Schacter 和 Tulving 对人类记忆系统进行了细致的划分和相关性质的描述（见表 3-2）。

表 3-2 人类记忆的主要分类

系统	其他名称	子系统	提取
初级记忆	工作记忆 短时记忆	视觉的 听觉的	外显
程序记忆	非陈述性记忆	运动技能 认知技能 简单的条件反射 简单的联想学习	内隐
知觉表征系统（PRS）	启动效应	结构描述 视觉单词形式 听觉单词形式	内隐
情景记忆	个人的记忆 自传的记忆 事件的记忆		外显
语义记忆	一般的记忆 事实的记忆 知识的记忆	空间的 关系的	外显 内隐

资料来源：Schacter& Tulving，1994：35。

其中，情景记忆和语义记忆上文已经述及，这里不再赘述。

工作记忆是在短时记忆的研究基础上提出的（Baddeley & Hitch，1974）。它能够对不同通道输入的外界信息进行短时储存并加工，也能够从长时记忆中提取信息并进行操作。这是一种主动记忆系统，能够依靠复述的方法不断地巩固或更新记忆信息。工作记忆由中央系统（central executive，CE）、语音复述回路（phonological loop）和视觉空间画板（visuospatial sketch pad）等子系统组成。语音复述回路负责语言信息的短时存储和处理，其中包括对词语顺序和语音结构的加工。视觉空间画板涉及两种元素的加工：与颜色、形状有关的视觉元素，与位置有关的空间元素。

知觉表征系统（perceptual representation-system，PRS）是 Schacter 和 Tulving 在启动效应和内隐记忆的基础上提出的。刺激词的结构性特征信息贮存在知觉表征系统之中，在文字和物体识别中起重要作用。知觉表征系统支持重复启动效应。依赖知觉表征系统的重复启动是一种知觉启动，当涉及语义相关的启动时，才会有语义记忆系统的参与。比如，你先读一个单词表，其中包括单词 A，但不包括单词 B；几分钟或数小时之后，让你读另外一个新的单词表，其中包括单词 A 和单词 B。结果发现，与单词 B 相比，你将会更快更准确地识别单词 A，这就是一种启动现象。

程序记忆（procedural memory）参与多种行为和认知技能及算法的学习，是一种惯性记忆，也是非陈述性记忆（nondeclarative memory），又称技能记忆。程序记忆是对如何做事情的记忆，包括对知觉技能、认知技能、运动技能的记忆，是关于如何做某事或关于刺激和反应之间联系的知识的记忆。程序记忆不存储外界状态的表征，其操作是自动的和不受意识控制的。它是一种渐进的和不断积累的学习，因此适合处理不随时间变化的不变性（invariances）问题。程序记忆与海马的活动无关，因为很多遗忘症和 AD 病人先前所获得的技能并不会因记忆障碍的出现而丧失，很多文献甚至报告称遗忘症病人能够学会新的非常复杂的技能（如使用计算机的知识和操作）。

根据以上记忆分类，Tulving（1995）认为，一个事件发生后，该事件所包含的信息都在所有记忆系统或相应的子系统中登录。刺激物的结构性特征信息贮存在知觉表征系统之中，再深入语义记忆系统。语义记忆系统对刺激物的意义及它们之间的关系进行更深层次的加工。一般来讲，这种输出还要到达工作记忆和情节记忆系统。工作记忆对信息进行更加精细的加工，情景记忆则负责加工和输入与信息相关联的时空背景等信息。

我们对关系或结构信息涉及的各个记忆子系统进行进一步整理，见表3-3。

表 3 - 3 记忆系统与关系结构信息的加工

系统		其他名称	关系结构信息		提取
工作记忆	语音复述回路	短时记忆	语音关系结构		外显
	视觉空间画板		图形结构空间结构		
知觉表征系统（PRS）		启动效应	刺激物的结构	客体表象结构	内隐
				视觉单词结构	
				听觉单词结构	
程序记忆		非陈述性记忆	刺激与反应间产生式关系程序	运动技能	内隐
				认知技能	
				简单条件反射	
				简单联想学习	
情景记忆		个人的记忆自传的记忆事件的记忆	个体、时间、空间和事件的联结关系与结构		外显
语义记忆		一般的记忆事实的记忆知识的记忆	空间关系结构概念及概念内结构概念间关系结构		外显内隐

从表 3 - 3 可知，工作记忆负责语音关系、形状关系和空间关系信息的短时重复加工；知觉表征系统负责刺激物结构性特征的加工与储存；程序记忆负责刺激与反应间产生式关系程序的存储；情景记忆负责对时间、空间和事件之间的联结关系等特殊情景信息进行加工与储存；语义记忆则对语义关系、结构和网络信息等一般抽象关系信息进行加工和存储。可见，每个记忆子系统都涉及关系或结构信息的加工。

三　内隐关系与结构信息

对内隐关系与结构信息进行专门讨论，有利于人们对该类特殊信息的加工特点进行探讨。从上文可知，工作记忆和情景记忆中的信息都是通过外显提取进行信息再认或者回忆的，语义记忆中语词概念表达的一般性知识的提取为外显的，这里都不考虑。而程序记忆中的信息虽然通过内隐方式提取，但它涉及产生式的提取方式，即下一个程序知识的提取需要依靠上一个程序知识的产生，这属于一种系列提取的方式，也不在我们考虑的范围内。也就是说，在这里，我们并不考虑外显提取和系列提取这类知识，仅考虑能一次性完整提取或者整体匹配加工的具有格式塔性质的内隐关系与结构性知识。

（一）内隐知识：非外显的知识

内隐知识（implicit knowledge）常被称为"默会知识"（tacit knowledge）或"缄默知识"等，对这种现象的描述和探讨由来已久。比如，内隐认知、内隐学习、内隐记忆和内隐知识等都是与此有关的领域。虽然该领域的研究和争论仍然在继续，但可以肯定的一点是：内隐知识与外显知识（explicit knowledge）是两个相对的概念，它具有当下无法用语言清楚表达的特点。

英国哲学家 Polanyi（1958）在《个体知识》一书中，全面而系统地阐述了内隐知识问题，首次将内隐知识正式纳入知识谱系中。他认为知识应当区分为"内隐"和"外显"两种形式。内隐知识指那种沉默的、不明说的和心照不宣的、存在于个人头脑中的、存在于某个特定环境下的、难以正规化、难以沟通的知识。内隐知识不是通达到意识资源或意识内容的知识，而是属于个人的、背景依赖的、难以格式化或交流的知识；外显知识则指那种明确的、清楚的、明白表示的知识，由可用书面文字、数字、图表和其他一些符号加以象征性表述的知识组成，通过语言和数学的表达，这样的知识可以传达和传授给他人。

Vokey 和 Higham（1999）将内隐知识定义为不易觉察的知识，并认为其表征形式与外显知识相对。理解内隐知识最好的词汇是"潜在的知识"，是"隐藏和不能体会"的意思。Zoltan 和 Perner（1999）则将内隐知识看作我们理解外显知识的支持性知识。他们认为内隐的作用有两种。一是外显知识的背景。较为经典的范例是，"法国国王是秃顶"这一外显知识，必然有一个未言明的内隐前提——"当前有一个法国国王"。二是词汇的概念结构。比如，"单身汉"这一外显知识往往具有两个内隐的特征——

"男性"和"未婚"。Sternberg（2000）将内隐知识作为评估实践智力的基础，认为内隐知识在属性上被认为是程序性的，是在不同的环境和不同的任务中如何做的知识。

总之，内隐知识是以经验为基础的、当下不能完全表达的、个人的、背景依赖的知识，这些知识可以作为外显知识和技能的深层背景知识，帮助个体有效地选择、适应和改善环境。

（二）内隐知识类型：多重记忆系统

Polanyi（1966）关于内隐知识的例子有很多。其中广为流传的著名例子有三个。一是脸孔识别："我们可以从千百张脸孔中轻而易举地找到我们熟悉的，然而却无法说出我们是怎样认出来的。"当我们看到一张脸孔时并没有意识到个别属性如眼睛、鼻子、嘴的特征，却能看到和识别整体。二是骑自行车。"我会骑车，但并不意味着我能告诉你我是如何保持平衡的。"三是医学学生看 X 射线胸片。学生一开始只能想到 X 射线相关的基础知识，慢慢地，学生头脑里开始有丰富的全景式的细节信息，进入一个新的世界。

结合多重记忆系统的知识和理论，我们可以对上面提到的几种内隐知识进行分析。第一，Polanyi 的脸孔识别例子至少涉及脸孔这一刺激物的整体结构识别——眼 - 耳 - 鼻 - 嘴整体结构的模板匹配或者原型识别，与知觉表征系统有关，也可能与语义记忆有关，因为熟悉脸孔的识别可能也与意义有关。第二，骑自行车的例子则涉及动作技能性程序性知识的加工。而 Sternberg（2000）也明确指出实践智力是一种内隐程序性知识，这是一种与解决实践问题有关的认知技能、动作技能等许多技能有效组合在一起的综合技能。因而，骑自行车的例子和实践智力的例子都涉及程序记忆系统。第三，Zoltan、Dienes 和 Perner（1999）所言外显知识的两种内隐背景知识，第一种涉及命题间关系知识，与语义记忆有关，比如只有内隐地传递出"当前存在法国国王"这一事实，才能外显地说"他是秃顶"；第二种涉及语词概念背后的概念结构和上下位概念间的关系结构，与语义记忆有关，比如只有内隐地传递出"男性""未婚"的内容才能支持"单身汉"的含义。第四，医学学生看 X 射线胸片的例子涉及专业知识结构细化和合理化的问题，这一部分内容在专家和新手的研究中已经探明，某一领域概念即概念间的结构调整是新手与专家的主要区别。所以，除第二个例子涉及程序性知识之外，其他三个例子都涉及概念的内在结构、概念间结构以及更大的知识结构等内隐结构性知识，与语义记忆有关。

从上文可知，虽然内隐知识研究的几位前驱讨论的问题有一定的侧重点，但从记忆系统的划分角度来看，他们提到的内隐知识例子都可以较为合理地划分到各个记忆子系统中（见表3－4）。这表明，不同类型的内隐知识可能有其独特的记忆加工方式。在这里，我们并不考虑程序性知识，只考虑可以一次性整体再现或再认的信息。因此可以做出判断：在不考虑程序性知识的前提下，内隐关系结构性知识是内隐知识中一种独特的信息形式，其加工与知觉表征系统和语义记忆系统有关。

表3－4 记忆系统与内隐知识

系统	其他名称	关系结构信息	例子	提取
知觉表征系统（PRS）	启动效应	刺激物的结构	脸孔识别	内隐
程序记忆	非陈述性记忆	运动技能	骑自行车	内隐
		认知技能	实践智力	
语义记忆	一般的记忆 事实的记忆 知识的记忆	空间关系结构	脸孔识别	内隐
		概念内结构	单身汉	内隐
		概念间关系结构	法国国王	内隐
			X 射线胸片	

(三)内隐结构:格式塔式内隐知识

"格式塔式内隐知识"这一术语是挪威哲学家 H. Grimen 提出的，强调知识的整体性和内隐性。其中，"格式塔"这一术语具有"与其他整体分离的完型或整体"之意。那么，在熟悉性的研究中，内隐关系或结构性知识具有格式塔式内隐知识的特点吗？很多早期实验研究证实了这一点。

1. 零碎结构与整体结构

从部分与整体的角度出发，当我们讨论"关系或结构"这一问题时，可以简单地把关系划分为项目内关系和项目间关系（inter-item relations；Mayes et al.，2007）。其中，项目内关系表示单个整体项目的各组成元素之间构成的关系。比如，眉毛、眼睛、鼻子和嘴巴这些元素组成一张整体的脸孔，某些字母通过正字法组合成一个单词，不同几何线条组合成一个合理的场景等。项目间关系则表示一个整体项目与另一个整体项目之间的关系。如脸孔与脸孔、单词与单词、场景与场景之间构成的关系，以及人与人、动物与动物、人与动物之间形成的互动关系等。

　　不管是在人类的社会生活中，还是在心理学实验中，都存在一种人为匹配的任意关系或结构（arbitrary relations；Yonelinas et al.，2010）。例如，项目内关系：实验者把一些线条拼凑成一个不可能图形、可能图形、残缺图形或者陌生完整图形；项目间关系：把"糖果"和"钢笔"这两个没有必然联系的项目，按照某种时间序列或空间位置放在一起，或者呈现在屏幕上的某一位置，要求被试学习和再认两个项目的时空联结信息。对被试而言，如此呈现的项目间关系是崭新的、脱离个人实际生活经验的。此外，这种人为匹配的客体间关系还包含非时空的联结关系，如气味与气味、单词与颜色、单词与发音、脸孔与脸孔、职业与其名字之间的人为联结等（Dusek & Eichenbaum，1997，1998；Turriziani，Fadda，Caltagirone，& Carlesimo，2004；Konkel，Warren，Duff，Tranel，& Cohen，2008）。

　　在具体的认知加工中，刺激间人为匹配的任意关系到底是项目内关系还是项目间关系？在熟悉性的再认加工中，这依赖于人们对不同刺激的主观整合能力。因此，上文所划分的项目内关系与项目间关系并不是完全对立的，具有一定的相对性。比如，对于一张合理的"脸孔"而言，"眉毛"、"鼻子"和"嘴巴"相当于完整脸孔的组成元素，在这种情况下被试的加工表现为项目内关系。然而，如果这三个元素并没有组成一张整体的脸孔，而只是暂时摆放在屏幕上进行人的五官讲解，那么这三个元素就是三个不同的项目，它们的摆放位置和讲解顺序就形成三个项目之间临时的、人为的项目间关系。被试对人为匹配性关系的记忆具有很大的暂时性。因为这种关系信息与被试的已有经验无必然联系，其加工可能与学习阶段的信息绑定以及再认提取阶段的回想搜索等有意识加工有关。可见，对于某几个元素或项目而言，它们之间的关系到底是项目内关系还是项目间关系，最主要的一个决定因素是被试是否能够把这几个刺激或项目整合成自己熟识的或者大脑中已经储存的某个整体项目。即项目内关系和项目间关系的划分，依赖于被试对不同元素、不同成分或不同项目的主观整合。

至此，根据被试的主观整合特点，也可以把刺激间关系区分为零散结构性关系（scattered structural relationship）和整体结构性关系（overall structural relationship）两种类型。我们把不能整合在一起的关系称为零散结构性关系，把能够整合在一起的关系称为整体结构性关系。其中，零散结构性关系指被试把不同成分加工成零散结构图形，比如把不同线条编码成某一不规则图形，或者把"山羊-时钟"编码成"山羊在房子左边，时钟在房子右边"这样一些具有分离特点的信息等（Yonelinas et al., 2010）；整体结构性关系指被试把不同成分整合成自己熟识的整体项目，如脸孔、单词或场景等，或者把两个项目整合成一个大概念，如把"山羊-时钟"编码整合成"山羊脚踢时钟"这种单一的整体情景。

基于熟悉性的再认早期研究发现，熟悉性仅仅能够对项目内关系信息进行反映，而不能对项目间关系信息进行反映。但后期的研究修正了这一结论，针对项目内关系的再认，如果被试把各个元素或组成成分整合成了一个大脑中没有储存的零散关系结构，这种项目内关系的再认则需要回想检索过程的参与；如果被试在学习阶段能够把不同成分编码成自己熟识的某一整体关系结构，则能引发熟悉性效应（Yonelinas et al., 2010；Cleary, Ryals, & Nomi, 2009；Cleary et al., 2012 ；Ryals & Cleary, 2012）。这表明，项目内关系和项目间关系这种划分并不是固定和绝对的，关键依赖于被试的主观整合，最根本地依赖于被试头脑中预先储存的、自己熟识的、可以帮助整合零碎信息的某种知识经验或者整合模板。

2. 感知觉整合结构

在认知心理学的研究中，根据人的加工深度，把关系区分为感知觉关系和语义关系。前者涉及刺激间物理属性方面感知特征的整合加工，是一种相对而言较浅层次的加工；后者涉及刺激间关系所代表的意义方面的加工，相对而言是一种较深层次的加工（见表3-5）。

表3-5 记忆系统与内隐关系结构性信息

系统	其他名称	关系结构信息		提取
知觉表征系统（PRS）	启动效应	刺激物的结构	客体表象结构	内隐
			视觉单词结构	
			听觉单词结构	
语义记忆	一般性记忆 事实的记忆 知识的记忆	空间关系结构 概念内关系结构 概念间关系结构		内隐

感知觉关系是由客体或者项目本身各个组成部分之间的时空关系等物理特征构成的整体结构。比如，不同线条的位置关系、字母的排列关系、语音的排列顺序等都要通过人们的感知觉才能整合成一个整体。感知觉整合结构是客体或项目的物理属性或特征之间形成的关系结构，对这种信息的学习依赖于较浅层次的感知觉加工，其再认加工过程依赖于自动的、无意识的熟悉性提取，不太依赖于有意识的、精加工的、基于回想检索的再认加工（Mandler，1980）。

Schacter 等（1990）运用可能几何图形和不可能几何图形（见图3-4），研究了几何图形的感知觉整合结构引发的启动效应。结果发现，不可能几何图形无法诱发启动效应或熟悉性效应，在现实中被试有可能整合的可能几何图形却能诱发显著的实验效应。这表明，感知觉整合并不是表面的、随意的整合，而是具有现实意义的、可能的、合理的整体整合。因此，感知觉系统的整合受现实结构的约束，或者说，这种整合过程依赖

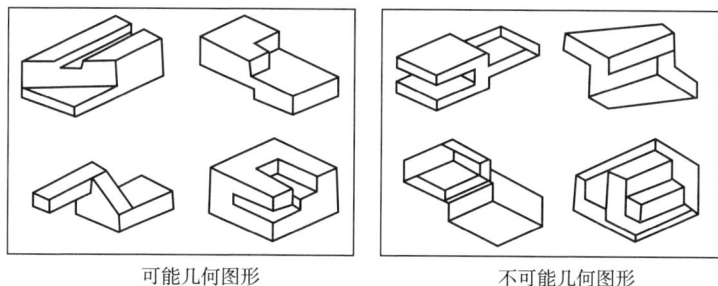

可能几何图形　　　　　　　不可能几何图形

图3-4 Schacter 等人实验中采用的两类刺激图形

资料来源：Schacter, Cooper, & Delaney, 1990：7。

于人们长时记忆中长期储存的相应的某种整体结构信息或者整合加工机制。

结构优势效应（structure superiority effect）的研究发现，人们对于刺激模式的整体结构的加工优于部分，整体结构在模式识别中起到促进作用。结构优势效应表现在构型、客体、字母等很多方面。一是构型优势效应（configural-superiority effect），识别一个完整的图形，其正确率大于识别图形的一部分（Pomerantz，1977）；二是客体优势效应（object-supriotity effect），识别一个客体图形中的线段，其正确率大于识别结构不严的图形中同一线段或单独该线段（Weistein，1974）；三是字母优势效应（letter-superiority effect），识别字母中的一个组成线段，其正确率要大于识别单独的该线段（Schendel & Shaw，1976）。需要说明的是，整体结构和部分的区分是相对的。比如，一个单词处在一个完整的句子中就是部分，而对于组成这个单词的字母来说就是整体。总之，当我们识别一个片段信息时，这一片段信息背后的整体信息促进了该片段信息的再认。这种现象至少告诉我们三点：一是人们的长时记忆中储存着某种整体结构信息；二是这类整体结构信息自上而下的激活促进了片段信息自下而上的知觉加工速度和效果；三是这种整体结构信息对片段信息再认的作用是以一种内隐的方式进行的。

3. 语义整合结构

语义关系是刺激的概念信息之间构成的较深层次的关系。语义关系的加工依赖于每个刺激的深层意义加工，其学习过程主要依赖于被试自身获得的已有知识和经验，与感知觉的关系加工有很大的不同。其再认过程有可能依赖于有意识的、精加工的、基于回想检索的再认加工，也可能依赖于自动的、无意识的熟悉性提取，还有可能引发启动效应（Mandler，1980）。

需要特别指出的是，在语义记忆中还储存着一类比较特殊的结构知识，即空间关系结构。从表面上看，空间关系结构性知识应属于感知觉加工的范畴。但有研究发现，许多在语义记忆上受损的临床病人会出现面貌不识症、物体不识症、地形不识症等。这表明，语义记忆系统储存着一些熟悉实体的空间关系结构。人的脸孔、熟悉的物体和地形等客体对人而言，可能具有更多适应功能方面的意义，人们对这些自然客体的认识可能需要更多身心感知觉和互动功能的参与，而不仅仅是视听感知觉，因而这些客体的关系结构很可能不在知觉表征系统，而在语义记忆系统中储存（Rosch，1978；孟迎芳，2013）。

语义整合结构是指根据语义间关系信息整合成的单一语义或者场景等整体关系结构。根据语义关系形成的内在特点，可以把语义关系分为三种类型。一是基于特征相似性的分类关系。指由概念的属性与属性之间的共同性或相似性联结而成的具有传统分类学意义的关系。比如，"风筝"与"小鸟"之间就由于两者表面的相似性而形成原型匹配关系；"狮子"与"老虎"的很多内在属性相同，使得这两者都类属于"哺乳类肉食动物"，从而具有种属意义上的同类关系；"草"与"植物"之间则形成上下级的类属关系；等等。无论以上哪种关系，都是基于两者在某一层面的共同性或相似性概括而形成的。二是基于特征差异性的主题互补关系。指由概念的属性与属性之间的不同性或差异性联结或搭建而成的具有主题互补性特征的关系。比如，"红色"与"绿色"对"颜色混合"这一主题而言，就构成了补色关系，这可以说是一种生成性互补关系；"筷子"与"碗"之间则形成经常在一起搭配的空间互补关系；"早晨"与"晚上"形成"晨昏"这一主题词，从而形成时间次序关系。另外，还有不同角色之间的功能互补关系。比如，"狮子"与"羚羊"之间的"捕食"关系，"教师"与"学生"之间的教学关系等。以上各类关系都是搭建某一主题情景不可缺少的一部分，从这个意义上说，这种关系具有互补性，而这种互补性最终依赖于两个事物或者两个概念拥有各自不同的特征或者属性。三是基于事件程序的关系。比如，"买票"与"坐公交"之间要"先买票后坐公交"，"进入餐厅"、"看菜单"和"吃饭"之间形成"餐厅用餐"等条件性脚本或图式关系等（Gentner & Kurtz，2005）。这类关系把某些行为动作或事件看作其组成部分，利用时间先后顺序把各个事件联结成一个习惯化了的行为序列图式，主要表示行为动作或事件之间的关系。也可以说，这类关系涉及多个场景之间的关系，场景中包括不同客体、刺激或项目之间的关系。比如，"买票"这一场景就包括"乘客"与"售票员"之间的关系等。在这里，我们并不关注此类关系。

字词和句子方面的结构优势效应体现了语义加工方面的整体结构问题。字词优势效应（word-superiority effect）是指快速识别某一字词中的字母，其正确率大于识别一个单独的相同字母（Reicher，1969）；句子优势效应（sentence-superiority effect）是指在一个句子中识别一个词的正确率优于识别单个的该词（Tulving et al.，1964）。字词优势效应和句子优势效应并不存在于非词和无意义句的材料中。这表明，字词和句子所形成的整体语义信息，对其个别组成部分的识别存在促进作用，可能与语义记忆中的整体结构信息有关。

有关内隐结构信息的研究告诉我们，人类面对的外部世界可能是一个结构的存在，经过长期的生活、学习和工作实践，人们习得了很多结构性信息并储存在自己的长时记忆中。对于世界结构信息的学习和记忆，无论是感知觉层面，还是语义层面，都具有内隐性和整体性的特点。当面对新的刺激时，人们利用自己习得的结构知识，通过感知觉整合和语义整合，把一些零碎的关系整合成整体性的单一结构，从而诱发内隐启动或者熟悉性再认。

第四章　表象结构熟悉性

按照长时记忆的编码或代码类型，内隐结构信息分为感知觉水平加工的表象结构（如几何图形结构、场景结构、脸孔完型结构、字母正字法结构、客体间位置关系结构等）和语义水平加工的概念结构、概念间结构等。当然，概念间的语义关系非常复杂，可以分为二元关系、三元结构及多元网络等。下面的章节，我们将依据这一分类对有关研究进行阐述。本章首先针对感知觉水平加工的表象结构信息进行简要阐述。

一　熟悉性与内隐记忆

在阐述结构信息的熟悉性加工之前，有必要简要阐述熟悉性与内隐记忆的关系。两者有天然的联系，又有一些差别。双加工理论模型 Mandler 模型假设，熟悉性同时对再认和知觉内隐记忆（perceptual implicit memory）有贡献。Tulving 模型则认为，熟悉性和知觉内隐记忆反映了两种不同形式的记忆，很多实验研究也支持了这一假设（Stark & Squire，2000；Wagner & Gabrieli，1998）。

（一）熟悉性与知觉内隐记忆的区别

大量研究表明，编码阶段的变量操作，比如加工水平、学习持续时间、分散注意等，增加了熟悉性的估计，但对知觉内隐记忆无显著影响（Roediger Ⅲ & McDermott，1993；Light & Prull，1995；Mulligan，1999）；与阅读单词相比，单词生成更大地影响了熟悉性，而知觉内隐记忆则恰恰相反（Jacoby，1983；Roediger Ⅲ & McDermott，1993；Winnick & Daniel，1970；Slamecka & Graf，1978）；熟悉性显示出图画优势效应（picture‐superiority effect），而知觉内隐记忆则相反（Wagner，Gabrieli，& Verfael‐lie，1997）；苯二氮卓类药物（benzodiazapines）在一定程度上减弱了熟悉性，却没有影响知觉内隐记忆（Weingartner，Eckardt，Molchan，Sunder‐land，& Wolkowitz，1992）；广泛性颞叶损害的健忘病人的熟悉性降低，在知觉内隐记忆测试中通常不显示缺陷（Gabrieli，1998）；熟悉性与知觉内隐记忆的事件相关电位（ERP）结果出现分离（Joyce，Paller，McIsaac，& Kutas，1998；Rugg，Mark，Walla，Schloerscheidt，Birch，& Allan，1998）；知觉内隐记忆的神经影像证据表明其与枕叶扩展区域有联系，熟悉性的证据却很少能证明这一点（Cabeza & Nyberg，2000）。

（二）熟悉性与概念内隐记忆的相似性

Jacoby（1991）认为，基于熟悉性的再认判断不仅依赖于对感知流畅性的评估，而且在很大程度上依赖于对概念加工流畅性的评估。目前的研究表明，熟悉性和概念内隐记忆在功能上有很大的相似性。两者在很多变量操作上都无法分离，特别是功能成像方面的研究，都表明熟悉性和概念内隐记忆与海马旁回区域有关（Yonelinas，2002）。

需要强调的是，熟悉性与知觉内隐记忆可能代表两种不同的记忆形式，这并不表明熟悉性不支持知觉水平的加工。相反，与回想相比，熟悉性对知觉加工可能更加敏感。而且，Yonelinas 推测，熟悉性可能涉及多个加工子系统，而知觉内隐启动可能是熟悉性的一种早期形式。另外，熟悉性与概念内隐记忆可能分享了同一记忆加工机制，也能反映语义信息的加工。

二　表象结构与熟悉性

Paivio（1975）提出双重编码理论（dual coding theory），认为人的大脑中存在两种功能上相互独立又密切联系的编码系统。这两种系统分别处理不同的信息：一种是言语系统，也叫单词产生器（word generator；

Paivio, 1991），专门用于语言或词语刺激材料的处理，处理后的信息根据联想与层级形式组织在语言单元中；另一种是表象系统或非语言系统，也叫图画产生器（image generator），专门用于对非语词的事物、事件等刺激材料进行表征与处理，处理后的信息根据部分与整体的关系组织在图像单元中。这两个系统可以直接被相应的适宜刺激所激活。其中，言语系统被词语材料激活，而表象系统被物体、事物或事件的形象激活。

　　Paivio 通过一系列实验发现，如果实验者给被试以很快的速度呈现一系列文字刺激和图画刺激，那么被试回忆出来的信息量，图画材料远远多于文字材料。这种现象被称为图画优势效应（picture - superiority effect；Rowe & Paivio, 1971）。而且，记得/知道范式的研究也发现，在回想和熟悉性过程中都存在图画优势效应。另外，概念捆绑假设（conceptual peg hypothesis）认为，能够捆绑在一起的成对图画和文字材料也能发生图画优势效应。比如，被试在编码时把"猴子 - 自行车"想象成"猴子骑自行车"这一形象情景，能发生图画优势效应（Paivio, 2006）。这表明，图画材料较之文字材料具有记忆优势。

　　有关图画优势效应的大量研究表明，表象系统和言语系统可以独立地工作。言语系统以系列的形式组成高层次的结构，并且以系列组织进行转换；表象系统则以同时性或空间平行的方式来表征信息。因此，一个复杂的事物或场景的不同成分是同时有效的。这为表象刺激的整体结构信息诱发熟悉性效应提供了理论基础。

　　另外，两种系统也可以相互关联地工作，这使得表象信息和言语信息可以相互激活。具体文字材料也能产生以言语表征为主，非言语表征为辅的言语 - 非言语的记忆痕迹（verbal-nonverbal memory trace）；图画刺激材料诱发的编码加工能够隐秘地产生以非言语表征为主，以言语表征为辅的非言语 - 言语的记忆痕迹（nonverbal-verbal memory trace）。因此，在熟悉性的研究中，为了排除图画刺激材料引发言语信息的深层加工，一般采用陌生的几何图形、无法激活语义的非词、无法命名的陌生脸孔或者场景等材料。如果采用日常熟悉的客体、场景或单词材料，无法确保单纯的感知觉水平加工。

（一）几何图形整体构型优势效应（configural superiority effect）

Weistein 和 Harris（1974）研究客体优势效应时发现，当要求被试识别一个客体图形中的组成成分时，其正确率和反应时要优于识别结构不严的客体中同一成分或单独成分。Pomerantz（1983）运用平面几何图形（见图 4-1），研究了人们对图形整体和局部特征的知觉加工相对优先顺序。结果发现，被试识别一个完整图形，其正确率和速率优于识别图形的一部分。他在此基础上提出了整体构型优势效应。也就是说，当要求被试识别图 4-1 中单独的斜线（局部特征）时，其准确率和反应时显著高于镶嵌于整体图形中的斜线材料。这表明，人们对局部信息的知觉加工和整体结构信息的知觉加工存在分离。也就是说，人们对几何图形整体结构的知觉加工可能有其独立的加工机制。

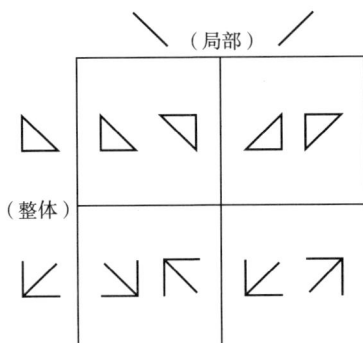

图 4-1　平面几何图形知觉加工实验材料举例
资料来源：Pomerantz，1983：520。

（二）几何结构的现实复杂互动（realistic complexity and interaction）

Cooper、Schacter、Ballesteros 和 Moore（1992）用两个实验揭示了陌生 3-D 客体几何图形（见图 4-2）的再认记忆。主要的变量操作是学习阶段和测试阶段的刺激材料的大小和左右方位变换。在所有研究中，材料用电脑呈现，被试可以通过调整观看各个不同方位，并都鼓励被试对材料的结构进行全方位整体编码（encoding of global object structure）。在测试阶段，变换客体图形的大小和透视方位，通过要求被试判断结构是否可能来

评估内隐记忆，通过再认来评估外显记忆。结果显示，遗忘症病人在可能－
不可能客体条件下，无论大小和方位变换，都能对可能客体做出熟悉性再认
反应。可见，组成可能客体图片的各种线条之间复杂的交互关系，把各种客
体整合成了可能整体，是诱发内隐启动或者熟悉性再认效应的关键。

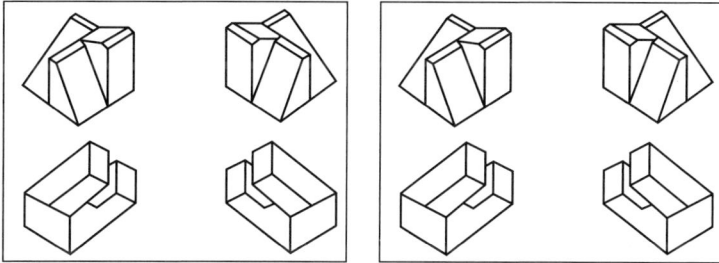

图4－2 3－D客体几何图形再认记忆实验材料举例

注：左侧图为大小变换的可能客体图片（第一行）和不可能客体图片（第二行）；右侧图为
透视方位变换的可能客体图片（第一行）和不可能客体图片（第二行）。

资料来源：Cooper, Schacter, Ballesteros, & Moore, 1992：46。

（三）现实客体的框架轮廓

Cleary、Langley和Seiler（2004）用实物图片及其几何结构图片（见
图4－3）进行实验，考察了现实客体的几何轮廓结构引发的熟悉性效应。

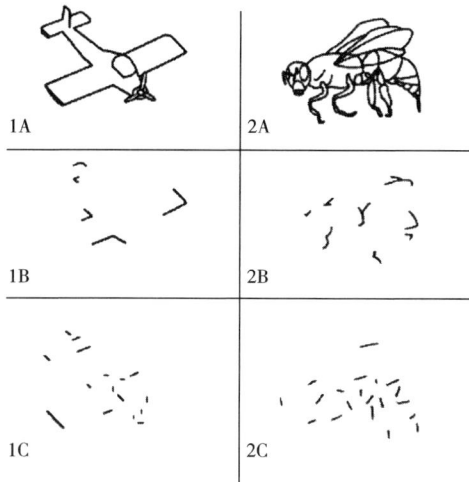

图4－3 现实客体的几何轮廓结构再认实验材料举例

资料来源：Cleary, Langley, & Seiler, 2004：905。

学习阶段给被试呈现黑白线条形成的图片（图4-3中A部分），测试阶段给一半被试呈现图片的轮廓（图4-3中B部分）给另一半被试呈现更残缺的像素点（图4-3中C部分），像素点几乎没有任何形状信息。所有测试阶段的材料中，一半是学习阶段学过的，另一半是没有学过的。结果发现，轮廓图形可以诱发熟悉性效应，而像素点图形无法引发熟悉性效应。这表明，对现实客体的再认中，几何轮廓结构能够诱发熟悉性效应。

（四）现实场景的布局结构

Cleary、Ryals 和 Nomi（2009）运用无线索回忆再认范式和现实客体的平面构图（图4-4），有针对性地研究了现实场景平面构图的结构引发的熟悉性效应。在保持刺激项目空间整体结构不变的条件下，实验者通过改变空间的各组成成分来操纵个别属性的变化。首先要求被试学习标有名字

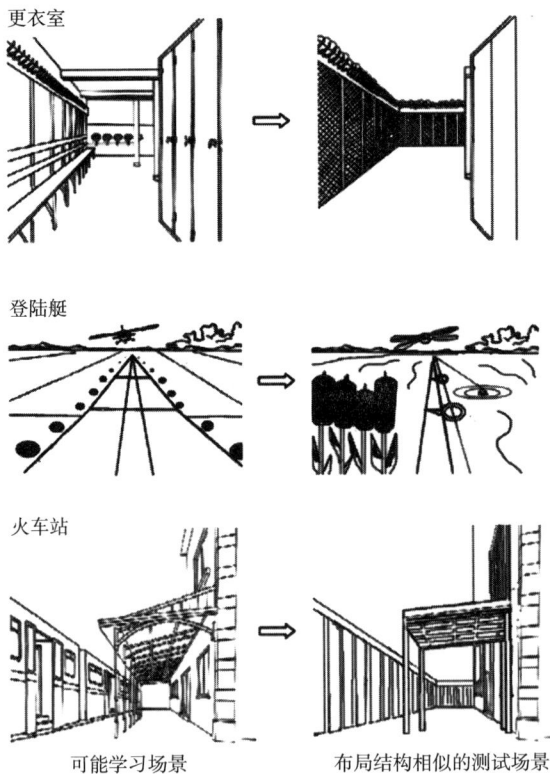

更衣室

登陆艇

火车站

可能学习场景　　　　　布局结构相似的测试场景

图4-4　空间刺激的 RWCR 实验刺激举例

资料来源：Cleary，Ryals，& Nomi，2009：1084。

的 2 – D 黑白线条构图，测试时只呈现构图，要求被试再认。结果发现，构图的整体结构布局的相似性能够引发熟悉性效应。

Cleary 等（2012）运用无线索回忆再认范式和 3 – D 虚拟场景（见图 4 – 5），进一步研究了现实场景的真实立体布局结构引发的熟悉性效应。要求被试置身于仿真环境里，通过控制场景内摆设物件，更加生态化地考察整体布局结构对熟悉性的影响。结果显示，现实客体间构成的现实场景布局结构可以引发熟悉性效应。

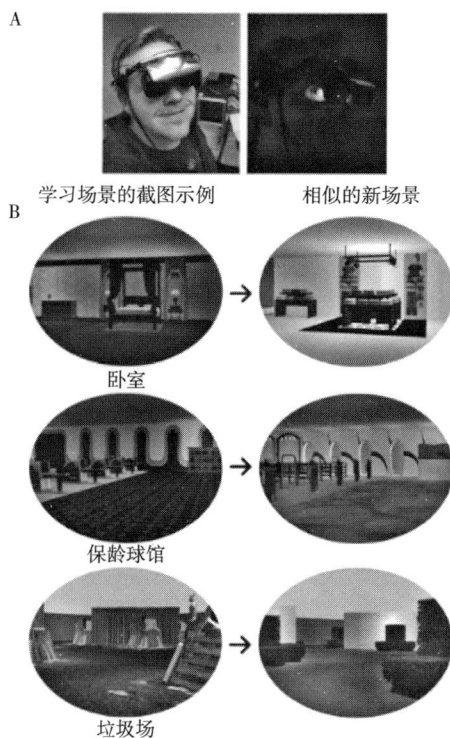

图 4 – 5　空间刺激的 RWCR 实验刺激举例

资料来源：Cleary et al.，2012：970。

（五）脸孔结构的格式塔连贯性（coherent gestalt）

Parkin、Gardiner 和 Rosser（1995）采用记得/知道范式和不熟悉的人脸材料，研究了陌生人脸孔的熟悉性效应。结果发现，陌生人的脸孔也能引发熟悉性效应。这可能是因为，对于陌生的人脸而言，被试虽然并不熟悉与该脸孔有关的其他信息，但长时记忆中储存着与人脸整体构造有关的规则或者结构。所以，引发熟悉性的信息可能与脸孔这一项目本身的整体结构合理性有关。

遗忘症病人在大部分联结再认的测试中都表现出缺陷。但是，当被试学习过正常竖直呈现的脸孔后（见图 4 – 6），把学过的脸孔的不同部分进行重新组合，要求被试再认，能够产生显著的熟悉性效应。奇怪的是，如果在学习阶段把两张脸孔上下颠倒过来呈现，被试的熟悉性效应就会消失。这些结果表明，不同刺激的连贯性的格式塔或完型特征可能是产生熟悉性效应的关键因素之一（Yonelinas, Kroll, Dobbins, & Soltani, 1999）。

学习　　　　　　学习

测试-重组　　　　　测试-控制

图 4 – 6　遗忘症病人脸孔联结再认实验材料举例

注：上面两个脸孔是学习阶段脸孔刺激例子；下面左侧脸孔是运用在联结测试中的学习阶段两个脸孔特征的重组脸孔刺激例子；下面右侧脸孔刺激是在项目测试中的分心刺激，为新刺激。

资料来源：Yonelinas, Kroll, Dobbins, & Soltani, 1999：656。

（六）单词的正字法（orthography）

字母优势效应的研究发现，识别字母中的一个组成线段，其正确率要大于识别单独的该线段（Schendel & Shaw, 1976）。研究表明，一个单词的组成有其基本的结构规则——正字法。

单词是一种特殊的知觉刺激符号，这种符号在大多数情况下与其代表的语义相关联。因此，早期关于单词的内隐记忆研究认为，单词的识别或再认依赖于语义记忆（Tulving，1982）。但后来的发现证明，单词的再认可能有其独立的加工系统——与语义系统分离的视觉词形系统（Tulving & Schacter，1990）。Peynircioğlu（1990）运用记得/知道范式和残词材料，在四个实验中，要求被试学习单词列表，然后在测试阶段尝试填充这些单词的片段和未学习的单词片段。比如，"raindrop"的单词片段是"r－－－－－－p"，"amethyst"的单词片段是"a－－－－y－－"等。不管被试是否能够填充片段，都要求被试在0（肯定没学过）至10（肯定学过）的评分尺度上，指出每个片段所指定的单词是不是学过的单词。结果表明，即使被试无法完成填充任务，也对学过的单词有一定的熟悉感。

Gardiner和Java（1990）也运用记得/知道范式和真词、可拼读的正字法规则的非词材料，比如"JOSP、LORT、KLIB、ABST、SOTE"等，控制了非词拼读频率、字母数量等变量进行研究，结果发现，对真词而言，词频影响了回想，但不影响熟悉性效应；非词较之真词能引发更大的熟悉性效应。

Whittlesea和Williams（2000）运用正字法匹配的真词和非词对（见表4－1）等进行研究，也发现了合正字法的非词可以引发熟悉性效应，而且这种熟悉性效应不仅仅是加工流畅性的问题。

Cleary和Greene（2000）运用单词和对应残词材料，重复了Peynircioğlu（1990）的实验，并进一步控制了单词的首字母特征、残缺程度和大小写等干扰变量，研究了单词的正字法对熟悉性效应的影响。结果发现，单词引发的熟悉性效应依赖于正字法的整体性全局匹配，而不依赖于单词个别概念属性或物理属性的检索或匹配。该研究控制的测试线索中影响再认的无关知觉变量具体有三种。一是首字母特征。因为被试有可能仅根据首字母进行再认判断，所以保持每个测试单词的首字母空缺。二是字母的残缺程度。通过改变残词的残缺程度，排除这一变量对熟悉性效应的影响。三是字母的大小写和呈现通道。通过改变学习阶段和测试阶段字母的大小写和呈现通道，控制知觉变量对熟悉性效应的影响。在此基础上，实验者

表 4-1 正字法匹配的真词-非词对

BLENDER	BOLAR	ROCATION	GORMER	MORTAL	CURTLB	REMEDY	METRIC	BALANCE
GLENDER	TABLE	LEADER	PRICKLE	CORTAL	DRASTIC	HEMEDY	PEIRIC	HALANCE
DRAGON	RABLE	MEADER	BRICKLE	BARREL	BRASTIC	BUBBLE	MINISTER	GALLERY
BRAGON	SUDDEN	FRECKLE	CRATER	FARREL	GOLDEN	CUBBLE	FINISTER	BALLERY
BLESSING	RUDDEN	BRECKLE	FRATER	GARMENT	HOLDEN	WINDOW	PONDER	HORMAL
FLESSING	TUNNEL	CONSTANT	BROKEN	DARMENT	LGENERA	LINDOW	CONDER	TROPICAL
BLADDER	CAVTTY	PONSTANT	PEOKEN	TENDER	DENERAL	MURDER	GRAVTTY	CROPICA
PLADDER	LAVTTY	MILLION	BUCKLE	HENDER	LAVENDER	PURDER	PRAVTTY	DELEGATE
BLADDER	BLOSSOM	WILLION	PUCKLE	CARTON	CAVENDER	NORMAL	CHANNEL	BELEGATE
FLADDER	GLOSSOM	BARNACLE	MESSAGE	BARTON	BALLOON	BEDICAL	SHANNEL	TRESPASS
BLEMISH	PLANTER	CARNACLE	LESSAGE	PLASTER	GALLOON	PRINTER	BLISTER	CRESPASS
PLEMISH	CLANTER	TURTLE	CLASSIC	GLASTER	WAFER	BRINTER	GLISTER	RABBIT
GARDEN	FELLOW	HAMMER	FLASSIC	PLANET	LAFER	RANDOM	CARPET	MABBIT
BARDEN	WELLOW	LAMMER	MARKET	FLANET	BRANDY	LANDOM	HARPET	MUSSEL
GRUMBLE	PICTURE	CARDIGAN	LARKET	CRIPPLE	CRANDY	FLORAL	MANSION	GUSSEL
TRUMBLE	LICTURE	BARDIGAN	SANDAL	FRIPPLE	BRITTLE	CLORAL	BANSION	SUMPER
BURDEN	PLSTOL	SLENDER	BANDAL	FASHION	FRITTLE	MELODY	VARNISH	HARMONY
PURDEN	FISTOL	PLENDER	MEDICAL	MASHION	MARSHAL	FELODY	FARNISH	CARMONY
TENSION	CORNER	JUNGLE	BUNNEL	PLATTER	CARSHAL	PURPLE	BUMPER	HATCHET
HENSION	DORNER	FUNGLE	RIPPLE	SLATTER	THIMBLE	HURPLE	RESSON	BATCHET
GAMBLE	RIDICULE	FOREST	WIPPLE	FLOWER	CHIMBLE	SINGLE	TRINKET	HOLSTER
HAMBLE	BIDICULE	DOREST	BEAVER	CLOWER	FRACTION	PINGLE	BRINKET	COLSTER
VESSEL	TABLET	MASTER	REAVER	GENTLE	BRACTION	SLIPPER	TENDON	LIBERAL
MESSEL	MABLET	GASTER	TIMBER	BENTLE	PARTICLE	GLIPPER	PENDON	FIBERAL
PLENTY	TRIBUTE	POCKET	WIMBER	KITCHEN	CARTICLE	TRUMPET	FORTUNE	RANSOM
FLENTY	CRIBUTE	BOCKET	PELICAN	LTTCHEN	CARAVAN	GRUMPET	PORTUNE	LANSOM
SOLAR	LOCATION	FORMER	MELICAN	LESSON	PARAVAN			

资料来源：Whittlesea & Williams，2000：565。

把学习和测试两阶段的材料对调，要求被试学习残词而测试单词，熟悉性效应仍然存在。结果表明，在这种条件下，单词的熟悉性效应既不是由概念驱动的，因为残词是无意义的刺激，也不是由数据驱动的，因为实验控制了知觉特征，而实验效应很可能与单词中字母的特殊位置信息即正字法有关。

（七）家用客体间日常位置结构

Caldwell 和 Masson（2001）运用加工分离范式和可分离的日常熟悉的家用客体（见图 4-7）和房间场景（见图 4-8）进行研究。首先要求非正式被试把家用客体按照习惯摆放在相应的房间内，在此基础上形成正式实验材料。然后，分别用三个系列实验控制学习阶段和测试阶段的注意分散性、被试年龄和习惯强度。在正式实验中，学习阶段要求正式被试有意或无意地记忆房间内的物件摆放位置；在测试阶段，让被试再认家用物件的摆放位置。结果显示，在严格地分离再认的有意识和无意识成分的前提下，被试对家用物件的日常摆放位置产生无意识再认效应或者熟悉性效应。这表明，在被试的头脑中储存一定的家用客体间的日常位置关系网络或者结构的情况下，会产生熟悉性效应。即无意识再认或者熟悉性效应依赖于被试长时记忆中客体间的惯常的空间位置关系或结构信息。

图 4-7　家用客体示例

资料来源：Caldwell & Masson，2001：288。

（八）音乐旋律的规则结构

Java、Kaminska 和 Gardiner（1995）运用记得/知道范式和两种音乐——著名乐曲和无名乐曲等材料，研究了人们对音乐刺激的熟悉性效应。结果发现，被试对著名乐曲的反应更多地依靠有意识的回想，即"记得"反应，而对无名乐曲的再认更多地依靠无意识的熟悉感，即"知道"反应。这表明，对听者而言，音乐背后无法言明的旋律规则结构可能是熟悉性效应产生的原因之一。

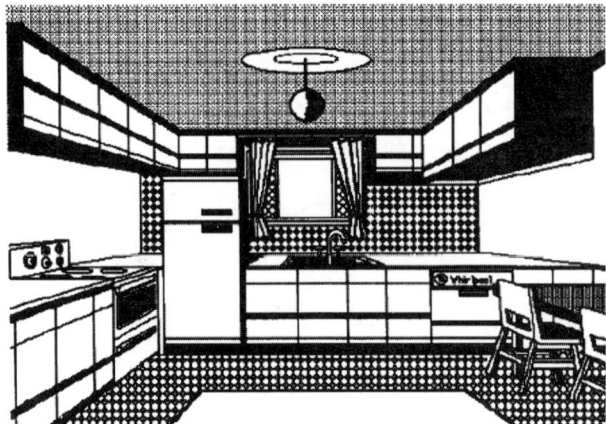

图 4 - 8　房间场景举例——厨房

资料来源：Caldwell & Masson，2001：288。

　　综上所述，有关几何图形、现实场景、脸孔、单词和音乐等材料的熟悉性研究结果是一致的。对于被试较为熟悉的单一项目而言，其整体的构型结构作为一个整体结构信息，可以引发熟悉性效应。这种结构信息在学习的时候，至少对于被试而言，很难用语言来表达；在再认的时候，被试也很难通过有意识地回想检索来完成任务。被试只会对自己学过的结构有一种似曾相识的熟悉感，却无法有意识地表达出这种熟悉感的来源和原因。这种结构信息是一种现实实体结构，有的具有客观实在的性质，比如几何图形的现实可能性、场景结构的生态性和脸孔的格式塔特点等，都是结构客观实在性的基本约束；有的具有约定俗成性（暂且不论这种约定俗成是否具有客观基础），比如，单词的正字法和音乐旋律就是人们在长年累月的语言学习中习得的字母间的抽象关系规则。大量研究表明，这类无法言传的内隐结构信息，其再认主要依靠内隐启动或者熟悉性再认，这种熟悉性给人一种似曾相识的感觉。

第五章　概念内结构熟悉性

熟悉性研究在探讨非言语刺激的结构信息时，往往在学习阶段或者测试阶段使用一些人工创造的几何图形、场景、残词或者重组的脸孔等陌生信息，目的是分离出单纯的内隐结构信息，排除被试经验的干扰，避免人们对这些刺激进行知觉加工时掺杂更深层的概念、语义或意义加工。因为当人们特别是成人被试看到一个现实刺激时，会自动加工这一刺激的名称或者其他特征。比如，当人们看到一张现实的脸孔时，会自动加工与脸孔有关的姓名信息、脸孔代表的人与自己的关系等信息；当人们看到一个单词时，会自动加工该单词所代表的事物形象或者意义等。我们把这些与刺激的物理特征紧密相连的意义信息称为语义信息，对这些信息的加工称为语义加工，这类信息的加工可能与人的长时记忆有关。

在整个生命历程中，人们不断与自己所处的世界相互作用，在自己的头脑中加工、储存和积累了大量关于世界的知识，并在日常生活中运用这些知识制订计划，然后做出行动，并在做出行动之后，根据行动的结果不断灵活地调整这些知识（Ghio et al. ，2016）。久而久之，人们对头脑中储存的知识都以某种独特和流畅的形式进行分门别类的表征和组织。人们加工过的信息一般通过表象（image，也称为意象、心像等）、概念（concept）和命题（proposition）等形式来表征。其中，表象是指人们在头脑中储存的关于一定的物体、客体或事件的形象，具有鲜明的感性特征，比如视觉表象、听觉表象、触觉表象、嗅觉表象和运动表象等；概念是一种比表象更加概括和抽象的知识表征形式，在心理层面上，每一类别的知识或经验都可能对应着某一概念（Maguire，Brier，& Ferree，2010），其中储存了物体、客体和事件的属性特征及将这些属性联系起来的规则等抽象信息，比如"红花"的概念表征为"既是花又是红色"；命题通常由一个谓词（动词单位）和一个或者几个中项（名词单位）所组成，用来表达一个事实或者状态，比如"老年男人骑着马"这一事件就包含三个命题——"这个人是男人"、"这个男人是老人"和"这个老人骑着马"。

概念是认知的基础，是认知大厦的基石。对于其他认知活动如知觉、行为、语言、思维、问题解决等，概念都起着非常重要的作用。比如，概念能够帮助我们根据先前的判断，解释后来遇到的相似情况（Rosch，2008）。假如没有概念，我们将无法准确地理解海量信息的意义，也无法从一种经验归纳或概括到另一种经验，更无法与其他人进行有效的沟通，我们的世界将变得极其单调乏味。人们总是要依靠各种不同的概念来理解自己面对的世界。假设你去参加一个生日宴会，也许你可以不需要知道"四肢""三叉神经""量子纠缠""心理投射"等科学概念，但是如果你对一些关键的日常概念，如"朋友""蛋糕""礼物""摄影师"等都一概不知，那么你将会感到非常迷茫而不知所措。从这个案例可以推断出，当你第一次走进豪华酒店、第一次参加面试、第一次进入心理咨询室或者第一次和爱慕已久的恋人约会时，你会多么不知所措，这都是因为你对自己面临的情景缺乏足够有效的概念。当然，你也能够进一步理解，当传说中的狼孩第一次面对人类社会以及被贩卖的非洲黑奴第一次面对白人社会时所产生的恐慌。

总之，概念能够帮我们理解、推理和判断自己所面对的情景或问题。当然，在这里必须强调一个前提：概念已经进入我们的头脑，并保存在我们的头脑中，而且是以某种恰当的形式进行保存的，并在恰当的情境下能够有效地提取出来。如果我们的头脑对将要面对或已经面对的情景没有储存恰当结构的概念，我们就无法理解和认识所要面对的情景和问题。有了合适的概念，我们便能很好地描述一个客体、一个人、一个人的行为、客体与客体或者人与人之间的关系等信息，并在描述信息的基础上进行进一步的认知，如再认、回忆、解释情景、解决问题等。

从关系认知的视角来看，表象形式体现了组成客体的各种形象特征间的关系或结构，属于感知觉加工水平；概念则体现了客体属性的抽象特征与特征之间的关系或结构；命题形式更多表达的是客体与客体之间、概念与概念之间用关系概念或抽象结构信息联结起来的关系事实或者事件。可见，概念和命题层次的加工属于较深层次的语义加工水平。

一　概念内涵

对"概念"这一术语，不同学科有不同视角和不同层次的理解。即使在同一学科内部，由于研究主题和兴趣的不同，为了特殊的目的和表达的准确性，研究者对"概念"这一术语也会有不同的称呼。下面首先了解一下心理学家是如何看待"概念"这一术语的，这将有利于我们对日常生活中耳熟能详的"概念"有一个更专业、更全面的认识。

（一）心理学定义

在古代哲学中，"概念"与"类别范畴"这类术语，主要是基于人们把特定的物体或事件等价地划归为同一类成员这一事实而提出的，属于关注一般普遍问题的领域（Rosch，2008）。我们常常把一组客体、一群人、一些情景或者问题联系起来归为一个范畴或有意义的一类。可以说，分类活动催动了概念与类别范畴的产生。

在心理学意义上，概念是人们对知识或经验进行分类的结果，表现为人们长时记忆中储存的有组织的知识记忆痕迹，对应着表征世界上一类实体的大脑内部结构。也就是说，概念是人们把认知的对象归为一个类别范畴的心理表征，是人们的头脑对某些类别范畴的表征，是具有共同属性的一类事物的心理表征（Smith，Medin，& Rips，1984）。概念可以是具体的，如"课本"，也可以是抽象的，如"美丽"。概念内部包含着范畴及范畴成员的知识。具体地说，概念包括事物的属性（可辨认的各种性质或特征）以及将这些属性关联在一起的规则。比如"学生"这个概念，包含我们主观上认为的这些人的共同属性"在学校""受教育""学习"等内容，并包含这些属性间的关联、各种关联形成的整体结构、一些基于个体心理理论的概念内容等，当然也可能包含某一典型的"学生"形象等。

客观性与主观性是概念的本质特点，理解这一点很重要。概念只是我们的头脑对所表征的客体、人物或情景的主观反映。也就是说，概念是"我们认为某一实体是怎么样的"，但是这并不必然反映这些实体或认知对象的客观面貌。可以肯定地说，不是所有的概念都能抓住事物的"本质"。概念可能只是我们的头脑对一些事物"如何分组或归类"的主观想法，也只有在这一层面上，概念才是有意义的。

概括性与抽象性是概念的另一特点，这一特点使得概念与表象或意象相区分开来。人类的思维是借助表象、意象和概念来进行的。表象、意象具有模拟仿真的特点，具有较低水平的概括性。而概念与它所表征的事物间没有模拟关系，概括性比较高。比如"鸟"这一概念，它是指抽象意义上的"鸟"，既非"麻雀"也非"燕子"这些具体的形象。

明确性与模糊性是概念的第三个特点，这种区分并不是绝对的。相对而言，有些概念比较具体而明确，如"桌子""杯子""课本"等；有些概念则不明确，如"科学家""旅游""朦胧"等。有些概念随着个人经验的增加，逐渐由明确变得模糊。如"熊"这个概念，一开始可能明确指代一群具体的熊，后来，这个概念开始指代股票市场的"熊"市时，就变得比较模糊了。

（二）概念的类似术语

在心理学研究中，与"概念"类似的术语有很多。由于认知对象的多样性和心理学家对研究问题的特殊兴趣和需要，不同的研究者经常采用不同的术语来表述自己所关注的概念，每种概念的内涵可能存在较大的不同，也有自己特殊的指称和名称。下面列举一些与概念这一术语类似的心理学术语。

1. "心理表征"（mental representations）和"知识结构"（knowledge structures）

在心理学研究中，与"概念"一词类似，使用非常普遍，是比较基础的术语。心理表征指与客观世界中的某一物体、形象、符号或概念等信息相对应的大脑内部表征形式，也常作为动词使用，意指表征形成的过程（Ericsson，2016；王甦、汪安圣，2006）。例如，一提到"孙悟空"，很多人就会在脑海中"看到"一个活灵活现的形象，这就是人们在脑海中形成

"孙悟空"这一视觉形象的心理表征过程。需要强调的是，心理表征不仅有视觉的，还有听觉的，甚至还有更加抽象的形式。简单地说，"心理表征"这一术语可以概括为：外部世界信息在人们主观世界中的表达的过程和形式。可见，"心理表征"几乎涵盖了"概念"这一术语的全部特征，重点强调知识或经验在头脑中的表达过程和特点。知识结构指人脑对先前经验或知识的组织方式。该术语指称人们习得的所有经验或知识的结构属性，与量的属性相对应。比如，专家和新手的有关研究表明，某一领域的专家在解决专业问题时，其效率要高于新手，这种效率差异并不一定依赖于二者所拥有知识数量的差异，可能更多地依赖于知识的组织方式。由于长年累月的经验积累，专家的知识结构可能更趋合理（彭聃龄，2012）。可见，"知识结构"这一术语较之"概念"，其内涵回缩，特指头脑中储存知识和经验的内在关系结构属性。

2. "图式"（schemas）和"框架"（frame）

这是心理学家根据自己的经验、思考或实验，针对人类经验中某些特定的心理表征，提出特定的理论假设，并在理论假设的基础上提出的术语。图式是知觉性或命题性水平上的概念形式，即人们对事物的类别范畴进行知觉水平或命题水平编码的规律性编码形式。图式的概念可追溯至1781年康德所著的《纯粹理性批判》中的先验图式说、Bartlett 有关期望图式对记忆的影响研究、Piaget 的反射图式与认知结构理论，以及现代认知心理学的图式观点。有的图式是人类先天具有的，有的图式则是人们多次经历类似事件而概括出来的。例如，在多次解答数学题后，人们就会对同类问题形成图式，这称为后天图式。此外，图式的分类还有很多，如世界图式（world schemas）、自然图式（natural schemas）、社会图式（social schemas）、关系图式（relational schemas）、人际图式（interpersonal sche-mas）、事件图式（scripts，也称为脚本）、文本图式（text schemas）等，这里不再赘述。可见，较之"知识结构"，"图式"这一术语更加特指某一概括水平上的知识或经验结构，更加针对性地指称某一特定的编码形式。框架指人们解读事物的意义时所参照的背景知识体系，即人们反复经历过的场景、信念和实践等信息的图式化形式或体系化的概念结构（Fillmore，1985；Ungerer & Schmid，2001；邓静，2010；Bateson, Alexander, &

Murphy，1987；徐万治、徐保华，2009；袁红梅、汪少华，2017）。可见，"框架"这一术语特指对解读意义有指导作用的背景知识结构，与"图式"相比，其内涵进一步缩小。

3. "原型"（prototype）、"刻板印象"（stereotype）和"脚本"

指代某一类特定的事物，比如客体的原型、人物的刻板印象、事件的脚本等。"原型"这一术语来源于概念表征的原型说，认为有的概念，特别是人们在生活中自然形成的概念，往往以某种概括性的形象来表征。它反映的不是某一个特定模式的简单复本，而是同类别或同范畴的所有个体的典型特征的概括化表征，即原型是范畴的较抽象的表征（Rosch，2008）。例如，"两个类似翅膀形状的几何形状插在一个圆柱形长筒的两侧"可以作为"飞机"的原型等（王甦、汪安圣，2006；Taylor，2003；Ungerer & Schmid，2001）。可见，"原型"这一术语内涵很小，主要是针对某一类可见的客体而言的。刻板印象是大脑对社会信息的一种自动的类别化加工过程，在大多数情况下，指人们对某个社会性群体形成的概括而稳定的认识或看法。Yzerbyt 等（1997）将刻板印象描述为一种"启发性的格式塔"，认为其向人们提供了事先存在并相互联系的多个条目，用以整合新认识到的对象信息，其中不仅包括认知主体对社会群体类别化的描述，而且包括潜在的解释。刻板印象虽然对人们的认识具有一定的启发意义，但有可能忽略成员间存在的个别差异。它将相似或同样的特征赋予全体成员，可能导致认识上的偏差（Trolier & Hamilton，1986）。比如，有的人一提到警察，就觉得"是男的"，而且会想到"抓小偷"，并且还能给出很多其他信息。但是，实际上，警察也可能是"女的"，而且不总是"抓小偷"。可见，"刻板印象"这一术语更多的是针对某一社会群体而言的。脚本也常常被称为事件图式。作为图式的一种，脚本主要用来指称生活经验中那些反复发生的、以一系列成因链为序连接在一起的、更大的事件序列。脚本可以帮助人们在某种典型情境中期待、预测接下来将要发生的事情，理解他人行为的各种可能暗示（Schank & Abelson，1977）。脚本蕴含的是已经定型了的日常情景，是常规化了的策略，通常不会有太大的改变（Schank & Abelson，1975）。可见，"脚本"这一术语主要是针对某一事件而言的。

最简单、最通用、内涵最广泛、没有理论假设背景的术语是"概念"。上文所述的每种术语都和一定的研究领域、研究情境或研究阶段有关，甚至和不同研究者的研究偏好有关。比如，当需要表述知识或经验的心理形式时，"图式"这一术语在社会心理学领域使用频率最高，而认知心理学家则大多使用"心理表征"，教育心理学家则使用"知识结构"。不同领域的研究者对自己所研究的"概念"都有一个较为特殊的假设，从而使用了不同的术语。可以说，在某些具体的限定条件下，"心理表征""知识结构""图式""概念"等术语可以互换使用。由于本书讨论的重点并不涉及某一概念背后的理论假设，因而统一采用"概念"这一术语来展开阐述。

二 概念内结构

对于单一概念而言，各个概念的内部结构是不同的。在心理学研究中，一般把概念区分为人工概念（artificial concept）和自然概念（natural concept）。其中，人工概念专指心理学家为了研究自己设计的概念；自然概念是在人类历史上经过生活和学习自然形成并经常使用的概念，这类概念具有很大的模糊性和内隐性。自然概念又可以区分为日常概念和科学概念（彭聃龄、张必隐，2004）。科学概念相对比较精确，具有确定的内涵和外延边界。

对于某一具体的概念，概念的内部结构是怎样的？比如"鸟"这一概念，其日常概念和科学概念可能是不同的。"鸟"的科学概念包含所有种类"鸟"的共有属性特征，并用语词清晰表达"有翅膀""能飞""有羽毛"等特征。但是对于一个没有接受过系统科学教育的成人而言，在他的头脑中，"鸟"的概念可能仅仅包含所有"鸟"的部分关键特征，很可能是一个关于"鸟"的原型，很难表达，也很模糊，抑或只包括人们关于"鸟"的日常经验信息，比如"鸟"和"猫"都是"陪我玩的"等。

心理学家针对概念的内部结构问题做了大量研究，提出很多理论假设模型。虽然目前尚存在很多争论，但我们可以按照理论出现的大致时间顺序，简要概述一些已经出现的主要理论。这些理论出现的时间先后顺序可能给我们一些有关人类认识"概念"这一术语的内在逻辑。根据时间顺序，人们对概念的认识大致分为三类：古典观点、概率观点和基于理论的观点。这些观点虽然并不一定适合所有概念，但都可以帮助我们理解概念的心理表征或组织特点，以便对概念的内部结构有更丰富的认识。

（一）古典观点

哲学领域对概念和类别范畴问题的思考始自柏拉图，持续到亚里士多德时期。其间，大多数哲学家认为，通过感官瞬间出现的特殊经验是不可靠的，只有稳定的、抽象的、逻辑的、普遍的范畴才可以成为知识和词语意义指称的对象。为了实现这些功能，类别必须是精确的，要有明确的边界，而不是模糊的；范畴内的成员必须具有构成范畴性质的共同属性，这些共同属性就成为范畴成员的充分必要条件。在这里，范畴被视为逻辑集合，并且假设数学的经典集合论适用于概念与范畴问题（Rosch，2008）。据此判断，同一范畴内的所有成员在成员资格的符合程度方面都是同等的，成员之间要么有必要的共同特征，要么没有。

心理学领域对概念和范畴问题的明确观点始自 20 世纪 50 年代布鲁纳（Jerome Bruner）及其同事发起的人工概念学习研究。在 Bruner、Goodnow 和 Austin（1956）的一项研究中，要求被试学习逻辑集合概念，这种概念由外显属性定义，如"红色""正方形"，通过"和"这一逻辑规则组成。其研究的理论兴趣集中于被试如何学习到各种属性之间的相关性以及属性之间的组合规则。在发展心理学领域，研究者整合皮亚杰、维果斯基的理论与概念学习范式（the concept learning paradigm），研究儿童的非结构化概念是如何从主题性（thematic）的概念发展到成人的逻辑模式的。另外，在语言学家那里，语言和概念之间的关系似乎也是没有问题的。词汇仅仅指概念的定义特征，而语义学家的任务就是建立一个合适的形式模型，来展示这种关系模型是如何解释诸如同义词和矛盾词的特征的。

以上的研究通常都是使用人工刺激构造成微观世界，在刺激与任务之中建立起关于范畴本质的主流信念。经过 20 世纪中叶的长时间探索，绝大部分哲学家、语言学家和心理学家都普遍认为，概念的定义性特征由一组必要且充分的属性构成。比如"金丝雀"这个概念，只有某一"动物"
（有皮肤、能活动、会吃、会呼吸等）具备了作为"鸟"的所有属性（有
翅膀、能飞、有羽毛等），并且具有"金丝雀"的属性特征（会唱、黄颜
色等）时，该动物才能被当作"金丝雀"（见图 5-1），这就是古典观点
的核心观点或假设。概念的古典观点不但与人们的直觉有很大的一致性，
而且建立在实验特设的结构之中。尽管从那个时候开始，研究者就收集了
大量反对古典观点的证据（Komatsu，1992；Rosch，1999；Medin & Smith，
1981），但早期的实证研究并不能驳斥古典观点，古典观点仍然是西方看
待概念的持久而普遍的力量。尽管如此，随着研究的深入，这种观点仍然
暴露出了严重的问题。

范畴成员代表性存在差异（Rosch，Simpson，& Miller，1976）。对经
典观点的一个重要挑战发生在 20 世纪 70 年代。有证据表明，在实际应用
中，类别范畴并不像经典逻辑所要求的那样——有界、明确定义。这首次
体现在 Rosch（1973）有关颜色方面的研究。试想一下："红色头发"和
"红色消防车"都可以作为概念"红色"的实际例子。那么，对于概念
"红色"而言，两个例子具有一样的代表性吗？大多数人对这一问题的回
答都是"不"。按照古典观点，任何符合概念定义性特征的成员，都应该
同等重要地归入某一范畴。如果范畴是像经典逻辑所假设的那样蕴含一种
实体对象，那么一个实例就不可能比另一个更好或更坏，但事实并非如
此。诸如此类的例子还有很多。比如，同样符合"鸟"的定义性特征，
"麻雀"就比"企鹅"和"鸡"更具有范畴代表性。同样，"男警察"比
"女警察"更具有"警察"这一概念范畴的代表性。可见，人们头脑中的
概念结构还包含更多的其他信息。一个广泛的系列研究表明，很多种类的
类别范畴都使用了隶属度不同的梯度结构，这一特点在很多类别范畴中都
普遍存在，如"颜色"和"形状"等感知范畴、"家具"和"蔬菜"等语
义范畴、"妇女"和"儿童"等生物范畴、"占有"和"控制"等社会范
畴、"民主"和"权威"等政治范畴、"偶数"和"三角形"等经典观点
定义的形式范畴、"那些从着火的房子里取出来的东西"等特定目标衍生
的类别范畴。在这些范畴中，都存在某些范畴成员比其他成员更具有范畴
代表性的现象。

定义性特征很难确定（Medin，1989）。对于"鸟""三角形""奇数"这类自然客体的科学概念而言，其必要且充分的定义性特征也许比较容易确定。但对于一些社会性概念，或者人们心中的主观概念而言，并非如此。比如，我们的日常口语或者电影中的"鸟人"中"鸟"的概念，规定其定义性特征就很困难了。诸如此类的概念还有"游戏""学生"等。这些概念的定义性特征显然很难明确确定。

有的实例难以归类。古典观点较为明确而严格地规定了概念的定义性特征，我们很容易根据定义性特征规定的属性来判断某事物是不是归为某一类别。但事实是，有的事物很难归类。比如，"黑板"可以归入"家具"这一范畴吗？"边工作边学习的人"可以归入"学生"这一范畴吗？显然，这些问题的解决需要更灵活的关于概念内部结构的假设。

（二）概率观点

对概念的古典观点首次发起抨击的是哲学家维特根斯坦，这为概率观点打下了基础（Wittgenstein，1953）。概率观点认为，一组具有代表性特征的属性，而不是全部的定义性特征就可以描述"概念"了。当考察某一个实例是否属于某一范畴时，我们会去比较该实例与范畴特征的相似程度。如果两者的相似程度超过某一临界点或临界水平，我们就将该实例归入这一范畴。Rosch 的渐变结构分类理论（theory of graded structure categorization）认为，人们头脑中形成的概念和类别范畴是具有现实世界结构的，不但包括感知，而且包括日常生活的活动映射，而不仅仅是逻辑的反映。这些建立在实证研究基础上的结论，都对概念的古典观点提出了挑战。

在概率观点中，形成范畴的方式有两种：样例说和原型说。两者都认为分类基于范畴的相似程度。区别在于要判断的实例是与另一组具体的样例成员比较，还是与具有一定概括程度的原型比较。当判断"鸡"是不是属于"鸟"这一范畴时，样例说把"鸡"与"麻雀""鸽子"等一组具体的范例成员进行比较。如果两者在一定程度上相似，我们就归为一类；反之则不归为一类；原型说则把"鸡"的各种属性特征与"会飞、啼鸣、生蛋、体型小、在树上筑巢和吃昆虫"等"鸟"的原型抽象出来的属性特征相比较。原型说的范畴是借助"和""或"等逻辑关系，把那些显著的、信息丰富的、通常是可想象的刺激组合起来进行心理表征的，这类表征就变成该范畴的"原型"。其他项目的判断与这些原型相关，从而形成类别范畴隶属度的渐变梯度。这不需要所有类别范畴成员具有共同的定义属性，也不需要定义类别范畴的明确边界。原型的来源是多样的：虽然有些可能是基于统计频率形成的，诸如不同属性的平均数、众数（或者相似的家庭结构），但是其他的似乎是依赖于诸如生理学（如好的颜色、好的形式）、社会结构（如总统、教师）、文化（如圣徒）、目标（如节食的理想食物）、正规形式结构（如十进制中的 10 倍）、因果理论（如看上去貌似随机的序列）和个人经验（如第一次学习或最近遇到的项目以及那些充满情感、生动、具体、有意义或有趣的特别突出的项目）等形成的。

　　概率观点受到很大欢迎的同时，也遇到很多无法解释的现象。理论上对它的批评集中在两点。一是相似性无法确定。概率观点的核心是相似性判断，但从不同层面看，两个事物之间的相似性很难确定。例如，在韦克斯勒成人智力量表中，相似性分量表要求被试回答"诗和塑像""木头和酒精"之间有什么相似性。两者在表面上不存在太多的相似性，但在更深层的抽象层面存在相似性。比如，"诗和雕塑"可以归入"艺术作品"这一范畴，而"木头和酒精"可以归入"可见的实物"这一范畴。诸如此类的还有"梅树和割草机""表扬和处罚"等。可以肯定地说，在某一恰当的概括层面，几乎任何两个事物之间都可能存在无限多的相似性。二是主题性分类并不基于相似性。人们的分类不仅仅基于相似性，还有基于相互关系的分类。皮亚杰、维果斯基很早就研究了儿童早期逻辑的主题关系分类现象，认为人们会基于两个概念的不同属性之间的空间或功能关系进行分类（Piaget，1964；Gérard，1959；Vygotsky，1962；Murphy，2001；Lin & Murphy，2001）。例如，我们可能很自然地把组成一个整体的两部分归为一类，比如"树叶"和"树干"；我们也经常把一起出现的"碗"和"筷子"归为一类；我们也有可能把在功能上相互协作或补充的两个事物归为一类，如"牛"和"草"等。更有趣的例子是"狼"和"羊"，从相似性判断的角度说，两者都归属于"动物"这一范畴，但在东亚文化背景下，人们想到的更倾向于"狼吃羊"这种基于关系的分类。可见，人们对事物的分类并不总是基于相似性特征的比较。

（三）基于理论的观点

很多事实表明，人们对事物的分类可能并不仅仅依据相似性判断，也可能根据自己先前获得的经验或者理论知识来进行判断。类别范畴的心理表征似乎是具体的而非抽象的，而且成员的梯度必须被认为具有心理上的重要性。比如，在日常生活中，人们常常根据某种特定情境的需要，将一些没有明显共同特征的事物组织在一起，建构成一个自然而然的范畴，即特定范畴（ad hoc category）。例如，家里失火了，人们自然而然地把贵重首饰、银行存折、重要文件和资料等分为要优先抢救的东西，这就是特定范畴。因而，特定范畴是在特定情况下建构出来的，在建构特定范畴之前，它可能并不存在于记忆中。

社会性概念尤其如此，与自然客体概念不同，社会性概念往往由一组相对而言相关性不强的特征或属性组成，比如"影星"这一概念，由"演电影""时尚""曝光率高"等属性构成，但事实是"演电影"的人并不都是"时尚"的，而且"曝光率"也不一定高。可见，这三个属性之间并没有太必然的客观实在的联系，但人们会根据自己的想法去主观解释生活中的现象，形成自己相对独特的解释系统，然后利用这一解释系统把这些互不相关的属性进行类似因果的联系，从而形成一个概念。诸如此类的概念，在社会认知领域比比皆是，这里不再赘述。

基于理论的观点能够解释很多实证研究的结果，加深了人们对概念的理解。但是，如果概念具有很大的主观建构性，那么基于理论的观点几乎可能影响到心理学研究中使用的每一种主要的研究方法和测量方法。如关于概念的学习、加工速度、期望、联想、推理、概率判断、自然语言使用和相似性判断等认知过程的研究和测量将会变得很不确定（Rosch，1999；Mervis & Crisafi，1982；Rosch & Mervis，2015；Rosch，1973；Rosch，1978；Rosch & Lloyd，1975；Medin & Smith，1981）。因而，Keil（1989）指出，概念也许总是潜藏在理论之中，但有部分结构是由独立于理论的某些规则组织起来的。也就是说，概念虽然有一定的主观建构性，但并不完全是人们的主观经验或理论假设的反映。否定概念的客观约束性，可能使概念失去它应有的精确性和预测性。可见，基于理论的观点并不能解释概念的所有特点，我们不能极端地接受此观点。

综上所述，对于日常概念而言，概念的古典观点可能是告诉我们概念包括一系列属性特征；概率观点则告诉我们，概念的属性特征在量的规定性方面不是全或无的，可能是遵循统计特征的；基于理论的观点告诉我们，概念的属性特征在质的规定性方面不是相互分割的，而是相互联系的，这种联系不仅仅通过属性特征之间的相似性建立，还可以通过属性特征之间的互补性建立，这种互补性联系依赖于人们的主观经验。

三 基本客体与熟悉性

"客体"这一术语，在哲学上是指与主体相对应表示认知范畴的哲学概念，表示外在于认识"主体"或"实践主体"的客观存在，特指人们实践活动的自然对象或社会对象。显然，哲学上"客体"这一术语包括一切"主体"实践的对象。在心理学意义上，一般用客体、客体属性和客体间关系这三种元素来表征外部情景系统。客体一般是指可以被大脑意识或认知加工的一切自然事物，是人们所面临的情景系统中的客观元素之一。这些客体可以表示为概念整体（如兔子）、概念的特征属性（如兔子的耳朵）或者表示具有一致性的群体（如兔群）。可见，心理学上"客体"这一术语特指一切在人的感知水平上可分离的可见实体。那么，我们人类是如何把世界划分成分离的客体的呢？人类划分世界的方式又是如何在人类的长时记忆中表征的呢？这种划分方式又是如何影响人们对客体、客体表象、客体概念及其关系的再认的呢？

对于人类而言，如何定义概念的内部属性特征及其结构？早期认知心理学观点认为，人们对世界的知识表征主要是以某种形象特征或抽象符号特征编码的形式来独立表达的。随着研究的深入，越来越多的证据表明，由于人类独特的身体构造、个体独特的行为及其所处的独特文化环境，那些具体的、完整的客体在人们的长时记忆中进行表征时，可能使用了所有可能的编码方式，因此必然具有不同的结构。这一特点使得人们长时记忆中储存的所有表象、概念或命题都可能植根于人与环境相互作用的结构和个体的主观建构之中。简言之，客体概念内部结构的影响因素至少有三个：一是我们感知世界的方式方法，二是我们与世界的功能性互动行为，三是先于个体存在的既定文化分类系统。也就是说，我们这里所谈论的客体是感知世界中的实体，这种感知世界不是一个无任何知识储备者的形而上学世界，而是通过人们的身体运动、感知觉器官与其相互作用而形成的世界。人们通过自己独特的身体结构与这个世界相互作用，从而获得了这个世界的独特结构（Rosch，1988）。

首先，客体概念的内部结构与我们人类感知客观世界的独特方式方法有很大关系。虽然客观上说，人类面对的世界实际上是由无限数量的、可辨别的、不同的刺激所组成的，但客体属性之间彼此关联，世界本身是结构化的，并不包含"本质上分割的事物"。对所有的生物而言，最重要的一个基本认知功能就是把环境分割成不同的范畴，并把差别不大的刺激视为等价范畴。因此，客体的哪些属性可以被感知是具有物种特殊性的。比如，狗的嗅觉比人的嗅觉更灵敏，狗的世界结构与人相比也就不同：前者的世界结构必须包括气味的属性，而人类作为一个物种，就很难感知到那么多的气味。总之，其他物种的身体构造不同于人的身体，它们的运动与物体的相互作用必然具有不同的结构，其世界肯定也与人类不同。

其次，客体概念的内部结构涉及认知者与物理或社会环境交互作用时的功能性需要。在长时记忆中，人们一般把各种客体实物和事件表征为视觉、言语，甚至运动觉等多种代码和语义命题代码。其中，视觉码和言语听觉码等（Paivio，1974）是比较容易理解的，因为它们都是基于刺激最初被看到和听到来进行编码的，这两种代码与我们对刺激的最初感知觉有直接联系。而语义代码是一种脱离某一特殊感觉的更加抽象的代码，在长时记忆的代码中占支配地位。语义代码在长时记忆中的表征不同于传统实验室中概念获得任务所使用的人工概念的刺激集，人类可感知的世界不是一个非结构化的等概率发生的共有属性集合。相反，这个世界的物质对象被认为具有高度相关的结构。也就是说，假定一个认知者，他感知到"羽毛"、"毛皮"和"翅膀"的复杂属性。"翅膀"更多地与"羽毛"共同出现，而不是与"毛皮"共同出现，这是一个由感知世界提供的经验性事实。我们再假定一个场景，比如一位电视节目演员正坐在椅子上，那么就构成感知世界的事实，在这个事实中，"椅子"是作为具有感知属性的"椅子"而存在的，那么"椅子"这一客体就比单纯具有外貌特征的"椅子"这一客体更可能具有可感知这一功能。

最后，客体概念的内部结构与给定时间内文化中已经存在的分类系统有关。比如，我们对鸟类身体的分割，使得我们得到了被称为"翅膀"的这种属性——其受诸如颜色、形状等物理特征的格式塔完形法则等感性因素的影响——才让我们把"翅膀"视为一个独立的部分。更重要的原因是，我们现在已经拥有文化上和语言学上被称为"鸟"的一个范畴分类。至少在某种程度上，我们把属性看作感知者的构造，这并没有否定关于属性问题更高层次的结构事实——"翅膀"和"羽毛"这些属性在感知世界中共同出现。

用一个例子进行说明，可能更好理解。我们之所以把"翅膀"和"羽毛"这两个特征当作"鸟"这一概念的内部属性，至少有三个方面的原因：一是这两种特征是我们人类的眼睛和手能够感知到的信息，这是一个约束条件；二是日常生活中当我们用眼睛看到或用手摸到"鸟"时，"看"和"摸"的特殊感觉信息有可能保存在我们的长时记忆中，而且这两种特征在客观上共同出现的概率很大，这是个体认知的结果；三是我们的父母、朋友、教师和教材等社会文化媒介传递给我们这样的信息，这是文化符号环境作用的结果。可见，与非言语刺激相比，概念内部结构的问题更加复杂。

总之，人们面对一个可感知的世界时，除了对其物理特征进行感知觉层面的加工外，更重要的是加工这个世界所包含的各种客体及其复杂关系信息，其中不但涉及单一客体的概念特征，还涉及客体与客体之间的各种关系信息。我们认为真实客体属性组合或者客体间关系组合不会均匀地发生。一些成对的二元组、三元组等，有时和一个属性组合，有时和另一个属性组合，出现在组合中；在逻辑上和经验上不可能发生的情况，在概念层面上也是罕见的或者是不可能发生的。总之，每一个概念属性间的组合和关系构成了客体概念的内隐结构信息，这种结构信息很可能帮助人们在无法有意识地想起任何信息的情况下，产生一种熟悉感，从而帮助人们对结构类似事物的再认。

（一）客体概念的层次

人们从不同的抽象层次看待事物或者对事物进行分类时，会产生不同层次或水平的概念，因而人类的概念分类系统可能具有垂直方向的维度——纵向维度。目前，已有相当数量的研究表明，很多概念是以等级层次的形式来组织的，不同的等级层次对应概念的不同抽象水平。也就是说，很多概念符合层次网络模型的预测，如图5-1所示。节点表征一定的客体对象或概念，每个概念都与其所具有的属性相连并储存在一起，每个层次的概念并不重复储存相同的属性，这遵循了认知经济性原则。比如，"金丝雀"中储存了"会唱"，"鸟"这一节点就不再重复储存。相连的节点之间具有类属关系。比如，"金丝雀"类属于"鸟"，而"鸟"类属于"动物"。

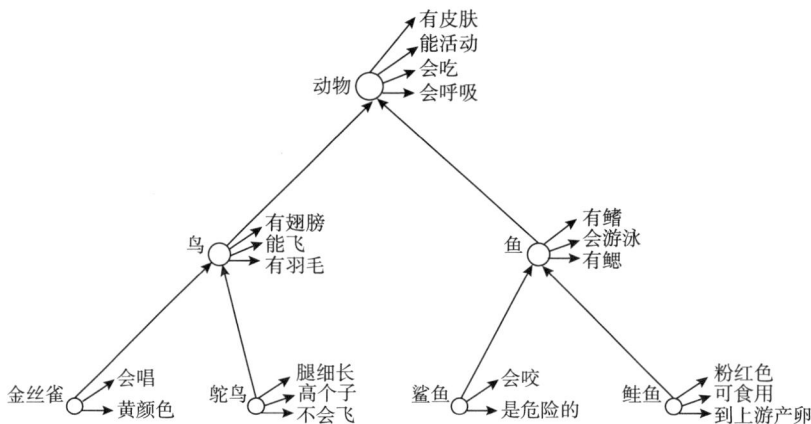

图5-1　概念的层次网络模型

资料来源：Collins & Quillian，1969：240。

层次网络模型（hierarchical network model）是认知心理学中的第一个语义记忆模型，由 Collins 和 Quillian（1969）提出。原本是针对言语理解的计算机模拟而提出的，后来被用来说明人的语义记忆。其基本观点有以下三个。

概念的层次与概念的抽象性有关。最底层次或水平的概念是内涵最狭窄和最具体的概念。图5-1所示的概念是属于自然范畴的概念。比如，

"金丝雀"这一自然客体的概念，相对于"鸟"而言，就是较低层次的概念。上一层次的概念则是内涵比较宽泛和抽象的概念。比如，"鸟"的概念包括"金丝雀"和所有其他鸟类。另外，图5-2表示的是社会范畴概念。比如，"外向型的人"这一社会概念，相对于"公关型的人"这一概念而言，就属于层次较高的概念。因为"外向型的人"包括"公关型的人"和"幽默风趣型的人"。当然"公关型的人"又包括"售货员"和"出版商"，因而相对于最底层的概念"售货员"而言，"公关型的人"这一概念又处于相对较高的层次，其内涵更抽象和宽泛。

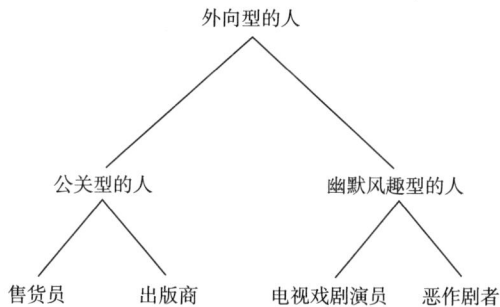

图5-2 社会概念的层次网络

资料来源：齐瓦·孔达，2013：35。

在概念的等级层次中，上位概念包括所有下位概念。如图5-1所示，相对而言，"动物"为上位概念，包括所有的下位概念"鸟"。而"鸟"这一概念相对于"金丝雀"这一概念而言，就是上位概念。我们可以将某一对象归类到任何一个抽象层次。比如，我们可以把名字叫"小强"的"鸟"当作一只"金丝雀"，也可以把它当作一只"鸟"或"动物"。因此，上位概念不是绝对的，都是相对于一定的下位概念而言的。

每一层次的概念都有其特殊性。比如，"动物"这一层次的概念更多地激活了我们头脑中的"会呼吸""能活动"等属性；"鸟"这一层次的概念则激活了"有翅膀""能飞"等属性；"金丝雀"这一层次的概念则激活了"黄颜色""会唱"等属性。由于在概念的不同抽象水平上，范畴在我们头脑中激活的概念属性不一样，所以我们思考某一具体问题时，最重要的是搞清楚我们运用的范畴是在哪一个层面。

综上所述，层次网络模型的核心是概念按严格逻辑的上下级关系组成网络，强调概念的抽象水平，以及不同抽象水平概念的纵向层次结构。该模型最大的缺点是没有涉及同一层次概念之间的联系或者是涉及得极少。比如，图5-1中"鸟"和"鱼"这两个同等层次的概念之间的关系，就无法通过层次网络模型来解释，图5-2中"售货员"与"出版商"之间的关系也是如此。

（二）客体概念的基本层次

概念的垂直维度涉及类别的包含水平。比如，"牧羊犬""狗""哺乳动物""动物""生物"这几个概念就是层次从低到高的维度。概念的层次越高，它的内涵越本质，外延越大，包含水平就越高。Rosch、Simpson和Miller（1976）将概念的层次分为上位层次（superordinate level，也称为"上属层次"或"上属水平"）、基本层次（basic level，也称"基础层次"或"基础水平"）和下位层次（subordinate level，也称为"下属层次"或"下属水平"，见表5-1），认为在人们的头脑中，概念存在一个基础水平的抽象，如"椅子""狗"等。这里的"椅子"不是指某一把具体的"椅子"，而是"椅子"的统称，这一水平反映了人们在真实世界中，对事物感知和使用的各种属性的关联结构，这一层次的概念被称为基本层次的概念，可简称为基本概念（Brown，1958；Rosch，1978）。简言之，对于垂直维度而言，不同水平或层次的概念并非同样好或同样有用的。其中，有一个层次可以映射真实世界中可被感知的属性结构，相对其他层次的概念而言，是一个最具有包容性的层次，这就是基本层次。

概念的水平维度涉及范畴在同一包含性层面上类别的分割。比如，"狗""猫""汽车""公共汽车""椅子""沙发"等。在我们的日常生活中，这些同一水平概念的典型性是不同的。对水平维度而言，每个概念对范畴的代表性是不同的。有些概念对于增加类别范畴的区辨性和灵活性有很大的贡献，这些概念常被称为原型或原型实例。原型概念或样例中包含了最具代表性的项目内部属性，这些内部属性的最低维度与其他类别相重叠（Rosch，1978）。简单地说，对于日常生活而言，某一个层次的概念可能更有用，而且在同一层次的所有概念中，有一些概念可能更典型。

表 5 - 1　概念的不同层次

上位层次	基本层次	下位层次
乐器	吉他	民间吉他、经典吉他
	钢琴	大钢琴、竖式钢琴
	鼓	铜鼓、大鼓
水果	苹果	美味苹果、梅肯托西苹果
	桃子	易脱核桃、粘桃
	葡萄	和平友好葡萄、绿色无核葡萄
工具	锤子	平尖头锤、拔钉锤
	锯子	弓锯、横切手锯
	螺丝起子	菲律宾起子、普通起子
服装	裤子	牛仔裤、双编织裤
	袜子	长筒袜、短筒袜
	衬衣	礼服衬衣、针织衬衣
家具	桌子	厨房桌子、餐桌
	灯	地灯、台灯
	椅子	厨房椅子、扶手椅
交通工具	小汽车	两厢汽车、四门轿车
	公共汽车	市内公共汽车、越野公共汽车
	卡车	装卸车、拖拉机

　　回顾概念的层次理论模型可知，图 5 - 1 中与表 5 - 1 中显示的一样，在"动物""鸟""金丝雀"这三个不同层次的概念中，"鸟"就是基础水平的概念。"鸟"的上位概念是"动物"，下位概念是"金丝雀""麻雀""鸡"等。不同层次的概念有其独特的认知特点。由于上位概念过分概括，其概念间有很少的相似属性，我们的日常思维很难提炼或抽象到这一层次。由于下位概念又过于分化和琐碎，其概念间有太多的相似点，即包含了范畴成员之间过多分散的特征，这使得我们无法把握范畴内部的相似点，导致我们很难区分这些子范畴概念。相对而言，基本概念适得其中，在日常生活的应用中，有其独特的认知效果。

　　基本概念的最大特点是这些范畴具有"人的规格"（human-sized）。基本概念既不依赖于物体本身，也不依赖于人，而是依赖于人们与物体相互作用的方式——人们对物体进行感知和想象的方式、对物体的信息进行组织的方式以及用自己的肉体对物体发生作用的方式，所有这些特征群集在一起才能界定这类范畴。而上位概念则不同，这类概念并不是由形象或原动性活动来表示其特征的。比如，我们对"椅子"的内心意象通常有原动性活动"坐在椅子上"，而抽象意象却不可能符合任何特定的"椅子"。假如我们从基础层次的范畴"椅子"上升到上位层次范畴"家具"，我们就没有关于"家具"的内心意象，"家具"不同于"椅子""桌子""床"等基础水平的物体形象。想象一件看上去既不像"椅子"，又不像"桌子"，也不像"床"这样的家具，是多么困难啊。因为我们没有与总的"家具"发生作用的原动性活动。

基础范畴的补集范畴成员并不是基本层次的。基本概念的补足范畴成员不具有基础范畴所具有的各种特征。例如，思考一下那些"非椅子"的物体。它们看上去是什么样的？你是否有一个一般的或抽象的"非椅子"物体的内心意象？人们似乎思考不出来。接着，请你继续思考一下，你是如何与一个"非椅子"的东西发生作用的？人们接触"非椅子"物体时有某种一般的原动性活动吗？显然并没有这种活动。一个"非椅子"的物体是做什么用的？"非椅子"的物体具有普通的功用吗？回答显然是否定的。在传统理论中，一个由必要且充分的条件界定的集合的补充部分是另一个由必要的和充分的条件界定的集合，但是，一个基础范畴的补充部分不是另一个基础范畴。

基本概念是儿童首先习得的概念，是其他层次概念习得的基础。Rosch（1978）认为，就其普遍意义而言，基本概念是儿童首先学会的概念，代表人知觉水平上的基本分类，这里的知觉水平，不仅仅指视知觉，还包括听知觉、触摸觉和与行动有关的知觉等。因而，类别范畴的形式首先在基础水平上被人们学习和感知，通过事物的各种属性相关结构的最大化信息的加工过程，从而形成原型，然后在下位层次被进一步区分（如"厨房椅""西班牙语"等），并在上位层次进一步抽象（如"家具""语种"等）。

基本概念具有最易被激活的特点。在基本概念的层次上，我们可以很自然地对物体进行命名。Rosch（1978）要求被试给一些图画命名。结果发现，被试更喜欢用基本概念对眼前的图画进行命名，而不是上位概念或者下位概念。这可能说明，当被试看到一个实际的客体对象时，首先激活了自己大脑中基础水平的概念节点，然后才可能扩散到上位或者下位概念的节点上。

基本概念的激活往往伴随着某个实例的表象、意象或者形象。Rosch（1978）认为，基本概念往往处于概念抽象水平的中间位置，在这一水平上，个体能够很容易地想象出某个实例的形象，它能够在最高级别上代表该范畴的整体。不同的范畴就是以这种方式区分开来的。比如，当我们看到名字为"爱丽丝"的狗的照片时，脑海里首先激活的就会是"这是一条狗"，而在大多数情况下，不会想到"这是一只达尔马希亚狗"，或者"这是一种动物"。

基本概念具有较多可辨识的属性。Rosch（1978）给被试提供不同层次的概念，要求被试列出某一类别中各物体之间的共同属性。结果发现，被试对基本概念列出了更多的属性。以"服装"这一类别为例，对上位概念"服装"，被试只列出了"可穿着"和"保暖"两个属性，而对下位概念"牛仔裤"，被试只列出"蓝色"一种属性。对基本概念"裤子"，被试则列出了"有扣子""有腿""有皮带""有口袋""是服装""有两条腿"等诸多属性。那么，这种特定的基本概念是由什么因素决定的呢？Rosch（1978）最初认为，它是由自然因素决定的。基础水平就是那种涵盖性最高的层次水平，具备完型感知功能。在这一层次水平上，客体拥有许多本范畴的共同属性，与其他范畴同一水平的属性有明显的区别。例如，所有的"狗"都具备它所特有的完型以区别于"大象""老虎"等范畴。因此，基础水平具有最大的内包性，且信息量最多（Evans & Green，2006）。

基础层次的高低不是静止的和固定不变的。对不同的人而言，其概念的基础水平并不相同。例如，专家就有可能将那些处于较低水平的层次当作基础水平。你、我和其他人也许都会认为"爱丽丝"是一条狗，但驯狗师就会认为它是一条达尔马希亚狗（Tanaka & Taylor，1991）。这表明，概念的层次随着人们经验的改变而改变。

基础层次的选取同样有可能受目标的影响。当我们挑选"宠物狗"的时候，我们也许会将候选的狗区分为"狮子狗"与"小猎犬"，而不是把它们笼统地当作"狗"。我们最终决定选取哪一种概念作为基本概念，受我们当前活动目标的约束。因而，基本概念具有最显著的认知特点。

综上所述，基础层次及在其基础上形成的原型，在哲学上最令人信服的方面之一是它们远不是一些定义属性的抽象物，而是丰富的、意象的、感觉的、身心兼备的心理事件，是完型感知、身体运动能力和形成丰富心理意象能力的集合体（Lakoff，1987）。虽然拥有不同知识结构的人的概念体系的基础层次是不同的，但对大部分普通人而言，其概念体系的基础层次还是相对一致的，因为我们每个人的日常生活都有很大的一致性。

从上文可知，我们一般把外部情景系统划分为客体（objects）、客体属性（object-attributes）和客体间关系（inter-object relations）这三种元素。那么再进行进一步的划分，我们是如何对众多客体进行分类的呢？基本概念的思想把人的概念大致分为基本概念和非基本概念。那么基本概念针对的客体，我们就可以称之为基本客体（Rosch et al.，1976）。这种客体有什么特殊性吗？

基本客体是基本概念表征的客体，属于日常概念的范畴。基本概念是人们日常生活交流中最频繁使用的概念，在语境中是自然的词语，最先为孩子们所学习，是最先进入孩子大脑的词语。我们通过这一层次的概念，可以轻而易举地感知到事物间的不同或差异，从而更方便与外部世界打交道，它对普通人的生活具有决定意义和特殊重要的意义（Rosch，1978）。

基本客体的范畴成员具有同样可被感知的整体形状的最高层次，即整体格式塔感知（Rosch et al.，1976）。整体被感知的形状（单涸意向、快速识别）形成一个单一的意象，该意象处在人们能够形成一个内心意象的最一般的层次，是可以反映整个范畴的最高层次。Berlin 等（1974）提出格式塔感知——全面构造的感知——是基础水平的基本决定因素。Tversky 和 Hemenway（1984）所积累的实验证据，支持了伯林—胡恩假设，认为在基础水平上我们的知识主要围绕分割部分而被组织起来，这是基础水平与其他层次区别的基础。

基本客体不包括分析性的感知觉刺激特征。基本客体的概念不包括经过分析而成的科学概念，即没有区别性或差别性特征的分析。由于基本概念是在日常生活适应中自然而然形成的概念，一般是针对日常生活经常使用的完整有形的实体而言的，不包括正规学科教育所获得的分离性特征概念，如"直线""三角形""偶数""分子"等。

基本客体是在与主体相互作用的基础上才被分割的。我们的身体和认知器官是我们所处的自然环境和文化环境相互作用的结果，这种相互作用特性在我们的经验中形成群集（cluster），而原型和基础水平结构则能够反映这种群集。因此，一个物体被分割成几个部分的方式，是与我们的原动性运动①或原动性运动程序②和物体相互作用的功能联系在一起的。这样的分割方式决定了物体被感知和被反映的方式，如我们对"把手"的"形状"的反映，不只是长而细的东西，而是它还能被"人"的"手""握住"。正如 Tversky 和 Hemenway 所说：我们坐在一张椅子的椅面，倚靠在其背部；我们剥掉一根香蕉的皮，接着吃它的果肉。

基本客体是具体的。在感知的世界中，基本客体是具有知觉和功能属性的丰富信息束，并形成自然的不连续性，人们在这些不连续性上进行类别的基本划分。基本的客体对象的相关结构由形式和功能的诸多不可分割的方面所组成，这决定了基本客体的三大特点：共同属性、共同运动、形状的客观相似性和平均形状的可辨识性。

从上文可知，基本客体既不是纯客观的存在，也不是纯主观的构建，而是主体与客体通过感知觉和原动性运动相互作用的结果。作为人长时记忆中的心理表征，基本客体具有完整意象和不可分割的特点，它是人们日常生活或日常习俗中最先使用的具有最高包含性的层次。人们在这一层次基础上进一步抽象出上位层次的客体，或者进一步分离出下位层次的客体。

---

① 与物体的感知属性不可分割的是人类习惯性地使用客体对象或与这些客体对象交互的方式。对于具体的客体对象，这种交互作用以原动性运动的形式出现。例如，当执行坐在椅子上的动作时，身体和肌肉运动的顺序通常是与椅子的属性（椅子腿、椅子座、靠背等）不可分离的。客体对象的这一方面是特别重要的，因为感觉运动与世界的互动似乎在思维的发展中扮演重要作用（Nelson，1974；Piaget，1952）。

② 人们在使用物体或与物体交互作用时所做的运动序列程序。基础水平的客体对象是最常见的类，具有共同的运动序列。例如，虽然我们很少拥有关于"家具"的一般原动性运动程序，也没有一些关于坐在"椅子"上的特定的原动性运动程序，但是我们坐在厨房和客厅的"椅子"上，使用的是本质上相同的原动性运动程序。

(三) 基本客体概念的熟悉性

语义特征是否能够引发熟悉性效应呢？这一问题一直存在争论（Yonelinas，2002）。Cleary（2004）使用无线索回忆再认范式对单个词语的形、音、义特征进行研究，发现这三种特征都能引发熟悉性效应。其中，在语义特征的研究中，被试学习 120 个单词，如"美洲豹"等，测试阶段呈现 120 个单词，其中 60 个为语义线索词，如"猎豹"等，其他 60 个为无关线索词，结果发现，用同类语义线索词能够诱发熟悉性效应。

Ryals 和 Cleary（2012）使用单词作为学习材料，通过三个系列实验，系统地探讨了语义信息引发熟悉性效应的整体匹配特点。三个实验共操控了三种变量：一是单词语义的形象性，如在语义方面，hardwood（硬质木材）比 delirium（精神错乱）更加形象等；二是单词语义的情感性，如在意义上，suffocate（窒息）比 invest（投资）更加消极等；三是学习单词与线索非词之间字形方面的整体匹配程度，如线索非词"POTCHBORK"与学习单词"PATCHWORK"之间的字母重叠数有 7 个，而线索非词"PULLCORK"与学习单词"PATCHWORK"的字母重叠数则较少，相比之下，前者具有更高的匹配度。

其中，前两个实验发现，单词的形象性和情感性都能引发熟悉性效应。但是，语义因素在各自维度上的程度性变化却仅仅影响有线索回忆的再认，而不影响 RWCR 的熟悉性评分。这表明，熟悉性效应能够反映形象性和情感性信息的加工，但对其意义方面变化等个别信息不起作用。而最后一个实验，其结果恰恰相反，学习单词与线索非词的整体匹配程度仅仅影响熟悉性效应，而不影响有线索回忆的再认。该结果表明，熟悉性与回想过程存在双分离实验效应。更重要的是，前两个实验发现 RWCR 对语义信息的量方面的累计变化并不敏感，而第三个实验发现 RWCR 对线索与学习信息之间的整体匹配程度变化很敏感，即 RWCR 对局部信息的变化并不敏感，而对整体信息的匹配变化很敏感。这表明，RWCR 过程具有整体匹配的特点，该结论与熟悉性的整体匹配模型解释相符（Ryals & Cleary，2012）。

以上两类实验表明，客体概念的属性特征信息能够引发熟悉性效应。

特别是第二类实验表明，语义信息的熟悉性加工符合整体匹配的特点。因为语义方面个别属性信息的增加或减少并没有相应影响熟悉性效应。那么，在第一类实验中，当被试在测试阶段看到"猎豹"这个基本概念时，被试的头脑中到底激活了哪些信息使得被试有一种熟悉感呢？也就是说，被试在学习阶段看到"美洲豹"时，哪些信息被快速激活，从而诱发了测试阶段的熟悉感呢？可以推测：被试的长时记忆中激活的不是个别属性信息，而是与概念有关的整体信息。也可以说，是概念属性的特征集结构或者是与其相对应的原型特征信息。如果这一推断是正确的，那么有一个很有意义的研究就是：相较日常概念而言，是否科学概念更能引发熟悉性效应呢？科学概念的属性特征之间往往是独立的、相互间没有关联的，而且大多数没有相应原型。这将是一个很有价值的研究课题。

第六章 概念间内隐结构

    概念与概念之间的关系信息至少涉及客体概念、关系概念信息两个方面的加工。很多研究认为，客体间语义关系的熟悉性加工可能与概念驱动有关（Cleary，2004；Cleary & Specker，2007；Cleary & Reyes，2009；Yonelinas，2002；Kostic et al.，2010）。其中，客体概念信息对关系再认的影响指的是，在被试对线索项目对进行再认的时候，学习项目对和线索项目对所包含的所有单个项目概念信息之间的对应匹配，都可能影响熟悉性加工。比如学习"老虎－羚羊"而测试"土蛇－老鼠"时，可能激活"动物"这一类别范畴概念，从而导致熟悉感的产生；关系概念信息对关系再认的影响是指，如果被试在学习编码阶段，通过一个关系概念把两个项目整合成单一概念，比如把一条水平线与竖直线整合成"垂直"概念，或者把"射线－肿瘤"整合成"放射"这一关系概念，这种关系概念的加工也可能引发熟悉性效应。

    除了客体概念和关系概念信息之外，Piaget 等（1977）通过大量研究发现，概念间的关系信息还可能与另一种内隐结构信息有关。他们认为，在日常生活经验中，人们首先习得的是客体属性及客体间的关系信息，然后在此基础上再形成很多高级关系。比如，人们首先获得了"羽毛"和"鸟儿"之间、"毛发"和"小狗"之间低阶的内隐关系（implicit relations，见图 6 - 1）。在内隐关系的基础上进而反省抽象出一种更复杂的高阶关系，也称为"关系的关系"（relations of relations），并以概念、规则或某种抽象结构的形式储存在长时记忆中。这种高阶关系的记忆储存一般通过节点（nodes）和谓词（predicates）组成的命题网络来表征。一个节点表示一个概念，通常用语言或原型等来表示。其概念属性用属性谓词表示，比如"鸟儿"的物理属性"有羽毛的"可表示为"有羽毛的（鸟儿）"；而"羽毛"与"鸟儿"之间的关系则用关系谓词来描述，即"覆盖（羽毛，鸟儿）"等。关系谓词根据客体间关系的不同层次可分为首阶谓词（first-order predicates）和高阶谓词（higher-order predicates）。首阶谓词如"覆盖（羽毛，鸟儿）"，高阶谓词如"覆盖［覆盖（羽毛，鸟儿），覆盖（毛发，小狗）］"。

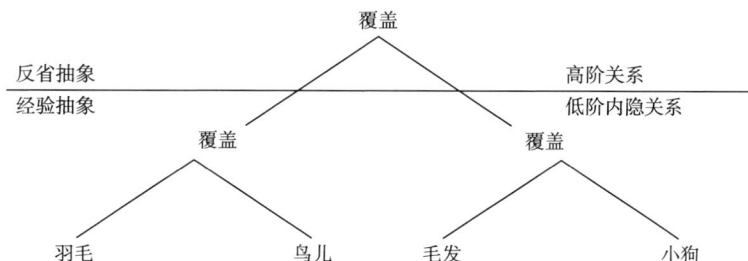

图 6 - 1　Piaget 的类比关系层次观点
注：根据 Goswami（1993：52）内容绘制。

Clark 和 Gronlund（1996）把整体匹配的观点引入再认的双加工理论以来，大量研究表明，熟悉性加工过程具有整体匹配的特点，可能与刺激的抽象整体结构有关。Yonelinas 更是致力于探讨项目与项目间关系引发熟悉性加工的条件，并提出整合假设（Diana et al.，2006）。

综上所述，概念与概念之间的关系至少涉及单一项目或客体概念、关系概念以及内隐关系结构等三方面的信息。从以往研究看，即使各个项目具有丰富的意义，当两个项目无法整合成一个整体单元时，也不能引发熟悉性效应，即单个项目的概念是无法引发项目间关系的熟悉性效应的（Yonelinas，2002）。接下来的问题是关系概念和内隐关系结构信息是否能够引发熟悉性效应。

一　概念间横向联系

概念在人们的大脑中不是孤立存在的，概念与概念之间有千丝万缕的联系。除了人们头脑中的概念结构，我们还有必要了解一下各种不同的概念在人们的头脑中的组织。在人的头脑中，概念与概念之间的关系、结构或网络是如何表征或者如何组织在一起的呢？概念的层次理论告诉我们，概念具有不同的层次。概念之间除垂直方向的上下级纵向联系外，还有许多横向联系，其数量远远超过垂直的纵向联系（王甦、汪安圣，2006）。那么，同一层次的概念之间可能也存在各种联系。

联想网络模型（Collins & Loftus，1988）和联结主义模型（Rumelhart & Mc Clelland，1986）解决了概念之间横向联系的问题。两个模型都认为，知识是由一组相互联系的节点（描述性特征、概念或命题）所组成的网络来表征的。图6-2为自然范畴概念的举例，图6-3为社会范畴概念的举例。

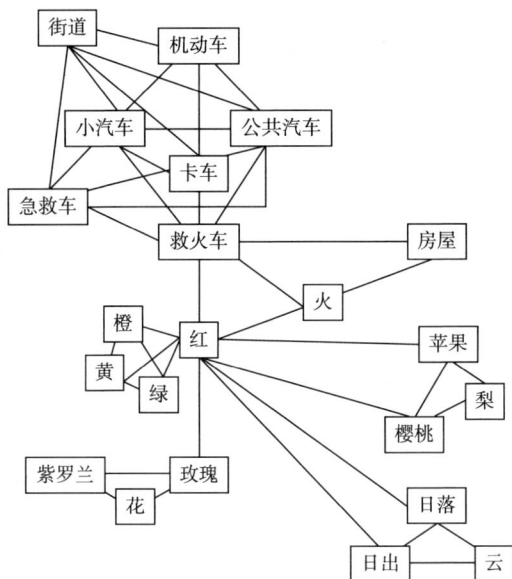

图6-2 自然范畴概念的联想网络模型示例

资料来源：Collins & Loftus，1988：412。

联想网络模型和联络主义模型被统称为激活扩散模型（spreading acti-vation model），其中包含了概念之间的各种联系，如范畴与不同实例之间的联结。实例代表性越强，联结强度就越强。比如，图6-2中范畴"机动车"与实例"小汽车""卡车"之间都有联结；图6-3中范畴"攻击性"与实例"击打""咒骂"之间都有联结。

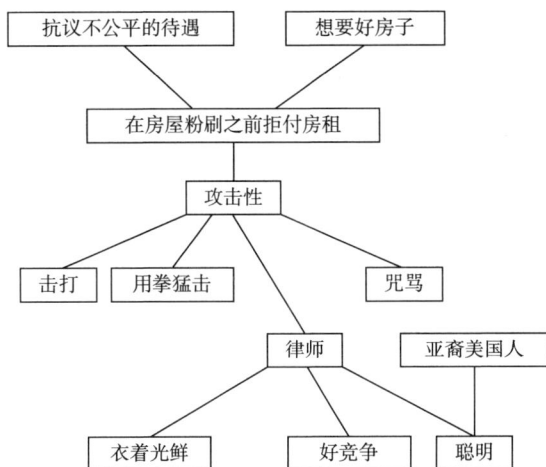

图 6 - 3   社会范畴概念的联想网络模型示例

资料来源：齐瓦·孔达，2013：38。

概念之间的相互联结。概念与其上位概念和下位概念之间有直接的联结。比如图 6 - 2 中的概念"救火车"与其上位概念"机动车"、下位概念"火"都有直接的联结。

对概念本质的明确解释。一个概念包含另一个概念，如"机动车"这一概念包含"小汽车""公共汽车"等概念；一个概念可以解读另一个概念，如"房屋"和"火"可以解释"救火车"等，"抗议不公平的待遇"和"想要好房子"也可以解释"在房屋粉刷之前拒付房租"等，这种具有解读作用的概念间联系一般存在于社会性概念之间。

概念的激活优先级与联结强度有关。概念从一个节点扩散到另一个与之相连的节点，首先考虑的是与之联结强度较高的概念。比如，"机动车"会优先激活连线较短的"小汽车"，而不是连线较长的"卡车"等；而"律师"也会优先激活"聪明"和"好竞争"，而不是"攻击性"。联结主义模型进一步认为，一个节点的激活不仅可以"激活"与之相连的节点，也可以使得这些节点"去激活"。具体到某两个节点，到底是"激活"还是"去激活"，这取决于两节点间是如何联结的。比如在图 6 - 3 中，"律师"可以激活"攻击性"，而"攻击性"可以激活"咒骂"，但是"律师"和"咒骂"却很少能相互激活，因而在"律师"和"咒骂"之间应该加一条抑制性连接线。这一模型能够解释一个事实：相互矛盾的信息为什么能够整合成一个连贯一致的印象。

如果说层次网络模型原本是针对计算机模拟提出的，带有严格的逻辑性质，那么联想网络模型和联结主义模型是"人化了的"模型，更适用于人，具有更多的弹性，可容纳更多的不确定性和模糊性。在层次网络模型中，节点间的连线大多表示一种逻辑上的类属或包含关系，而联想网络模型和联结主义模型则涉及同一类属或层次的概念之间的联系，那么这些联系及其联结强度就与人们的主观经验有关了。所以，较之纵向维度而言，横向维度考虑的更多的是概念间关系的主观建构性特点。这一点与基于理论的概念观有相通之处。

二 语义关系类型

在心理学研究中，"概念间关系"和"语义关系"这两个术语一般是通用的。两个术语都大致表示，我们通过较浅层次的感知觉加工，看到或听到一个图片或语词刺激后，激活我们头脑中关于该刺激更深层次的概念或语义信息，并在语义信息的基础上建立起这两个概念或者语义之间的关联关系。大致包括联想关系、分类学关系、主题关系和脚本关系等。

（一）联想关系

在认知心理学的实验中，经常使用一个概念去激活另一个概念，以此探索概念和概念之间的关系或者其他认知机制。我们称这两个概念之间的关系是联想关系。联想关系是在自由联想基础上形成的一种可能性概率关系，可用来解释许多行为现象（Grosset, Barrouillet, & Markovits, 2005；Martin & Cheng, 2005；Snyder & Munakata, 2008）。

实际上，联想关系很少作为理论概念来被定义（Bradley & Glenberg, 1983；Hutchison, 2003）。许多研究者就自由联想的可能性对联想关系进行可操作性定义，给定一个特定的线索词而产生一个给定的目标词的概率可能性就是联想强度。例如，在自由联想任务中，给定一个特定的线索词"生日"，想到"蛋糕"这个目标词的反应概率是 0. 192（Nelson, Bajo,

McEvoy，& Schreiber，1989）。

概念之间可以被联想的方式有很多。可以是暂时学习形成的两个无意义音节或者字符的联结；可以是意义相似的概念，如"细微"与"小"；可以是意义相反的概念，如"黑"与"白"；可以是类别成员词，如"黄蜂"与"蜜蜂"；可以是主题关联词，如"奶牛"与"牛奶"有很强的联想关系（反应概率为0.388），这种联想可以通过主题关系来解释，即"牛"可以生产"奶"。另外，还有以词频共现（lexical frequency co-occurrence）为基础形成的词，"嗡嗡声"与"蜜蜂"等也支持联想关系（Hashimoto，Johnson，& Peterson，2016；Estes，Golonka，& Jones，2011）。

有的联想关系非常复杂，不能简单地归于某一种，或者兼具多种联想关系基础。比如，"狮子"与"老虎"之间有很强的联想程度（反应概率为0.362）。我们也可以想象到"狮子"和"老虎"之间的"打斗"等参与同一场景的主题性活动，但两者之间的关系绝大部分不是与主题相关的。两者的联想关系可能主要是以分类学分类，如"都是很大的猫科动物或者都很凶猛"为基础的，也可能是以词频共现如"狮子、老虎、熊经常在一起出现"等为基础的。事实是，狮子生活在热带草原，老虎生活在丛林，而且它们之间互不影响。

从上文可知，概念间关系或者联系是被试联想的基础，支持联想加工的概念间关系包括很多种：有可能是暂时关联关系，也可能是意义关联关系；意义关联关系可能是不同层次的纵向关联关系，也可能是同层次的横向关联关系；横向关联关系可能是分类学关系，也可能是主题关系等。上文提及的Cleary（2004）使用"猎豹"诱发被试对"美洲豹"的熟悉感等，其背后加工机制的解释可以是意义关联关系，也可以是分类学关系或者主题关系，不同的被试有不同的原因。由于联想关系背后关系信息的多样性，在这里，我们并不讨论这种关系。

（二）分类学关系

分类学关系或相似性是传统分类的基础（Lin & Murphy，2001；Medin & Ortony，1989；Medin & Smith，1981）。比如，"钢笔"与"铅笔"之间的关系就是类属于同一个概念"笔"。概念的古典观点和概率观点都把人们在事物间的全部或部分相似性判断的基础上对事物进行分类称为分类学分类。根据分类学分类标准被划分到一类的客体对象之间的关系称为分类学关系，这种关系长期以来都是人类概念研究的主要关注点。

分类学关系是对客体内在属性归纳推理的结果。分类学关系是基于客体本身内在的共享特征而建立的关系，强调事物间的内在共享特征或事物的组成成分。也就是说，分类学关系主要基于事物的内在特征之间的相似性（Estes，Golonka，& Jones，2011；Lin & Murphy，2001）。例如，"猪"和"羊"都有相同的特征"恒温""可产奶且能繁衍后代"，类属于"哺乳动物"这一类别范畴。

分类学分类是以比较过程为基础的。如果诱导被试对两个项目的异同点进行比较加工，通常会唤起偏向分类学分类的加工（Markman & Wisniewski，1997）。Estes（2003）研究也发现，对概念进行比较加工降低了被试的相似性判定比例，然而对概念进行整合加工显著地增加了被试的相似性判定比例。也就是说，分类学加工和主题加工分别降低和增加了可感知的相似性。Gentner 和 Gunn（2001）运用差异列表任务（difference listing task），要求被试对概念要么进行比较，要么进行整合，然后列出概念间的差异。被试对比较条件下的概念词对所列出的差异显著多于概念整合条件下的词对。换句话讲，与主题加工相比较而言，分类学加工增加了概念间差异的检索。以上研究都表明，分类学加工增加了感知差异性却降低了感知相似性（Golonka & Estes，2009）。

（三）主题关系

主题关系是指参与到同一场景、情景或者事件中的客体、人或者概念之间可见的功能性或约定俗成的关系。比如，我们常常把"锤子"和"钉子"当作一类，因为锤子具有"可以握住""头部很大、很沉、平坦"等属性特征，这提供了"可以敲击"的功能，而钉子的头很小且平坦，这决定了它"被敲击"的功能。因此，"锤子"和"钉子"的分类依据的是功能的可见性。当然，也有的主题关系不以功能可见性为基础。例如，由于"红酒杯"和"西餐盘子"在某些习俗上经常共同出现在"吃饭或酒会"这一场景中，因而是一种约定俗成的主题关系。

主题关系分类是人们根据主题关系进行分类的过程（Estes, Golonka, & Jones, 2011）。主题关系在许多概念理论中被提及。例如，各种语义记忆的网络模型（如激活扩散模型）涉及了主题关系的问题（Collins & Loftus, 1988）。

主题关系是对客体外在属性进行归纳推理的结果，是基于客体之间外在的互补性特征而建立的关系。与分类学关系不同，主题关系的概念之间具有内在特征的不相似性或差异性（Estes & Jones, 2009; Golonka & Estes, 2009; Estes, 2003; Lin & Murphy, 2001; Wilkenfeld & Ward, 2001; Wisniewski & Love, 1998）。因此，主题关系具有外在性和互补性（Estes, Golonka, & Jones, 2011; Lin & Murphy, 2001; Wisniewski & Bassok, 1999）。

主题关系分类是以整合过程为基础的。主题关系运用个人已有的记忆和经验来将外界事物组织起来（Lin & Murphy, 2001; Collins & Loftus, 1988）。诱导被试整合客体可能会唤起偏向主题关系的加工（Markman & Wisniewski, 1997）。Estes（2003）研究发现，整合概念显著增加了被试的相似性判定比例。与分类学加工相比较而言，主题加工抑制了概念间差异的检索。这都揭示了主题加工降低了感知差异性却增加了感知相似性（Golonka & Estes, 2009）。

总之，主题关系是一种超越概念本身的关系，客体在这种关系中扮演着互补的角色，其源于事物的功能可见性或约定俗成性（Maguire, Brier, & Ferree, 2010），分类众多。如"筷子"与"碗"之间的空间搭配关系、"春天"与"夏天"之间的时间关系、"大风"与"侵蚀的岩石"之间的因果关系、"黑板"与"粉笔"之间的功能关系、"警察"与"枪"之间的附属关系、"奶牛"与"牛奶"之间的生产关系等。

（四）脚本关系

脚本是在一些常见情境中执行某一任务的一系列工具和动作（Black, Turner, & Bower, 1979; Schank & Abelson, 1975）。例如，一个"打保龄球"的脚本程序包括诸如"保龄球馆"、"保龄球"和"瓶子"等工具，也包括"走进保龄球馆"、"选择一个保龄球"和"试着通过轨道打倒瓶子"等动作。

　　一个脚本涉及的各种客体对象、概念、人和动作都是通过事件本身而外在相关联的，而且在脚本的执行中它们扮演着互补的角色。在这一点上，脚本关系与主题关系相重叠。然而，并不是所有的主题关系都嵌入脚本关系之内。因为脚本涉及的常见事件、动作和工具等都倾向于相互联系或者可联想。

　　脚本的每一个程序都涉及一个或多个二元关系，比如"走进保龄球馆"程序中就包含了"人"与"保龄球馆"的关系，我们在这里并不讨论这种关系。

（五）关系的异同

　　对联想关系、分类学关系、主题关系和脚本关系等四种关系进行比较，并在此基础上对概念间的关系进行定位，有利于我们更加准确地理解基本概念间关系的特殊性。如果基本概念间关系真的具有独特的性质，那么我们在心理学研究中，就有必要单独讨论这种关系，而不是把这种关系与其他关系混在一起进行研究。

　　联想关系与主题关系不同，但存在重叠（见图 6-4）。联想关系不一定是与主题相关的。比如同义词或反义词之间存在联想关系，却不存在主题关系。同时，主题相关的概念也不一定存在联想关系（Estes & Jones，2009；Simmons & Estes，2008）。比如"猫"和"奶"之间不存在联想关系，其自由联想度小于 0.01，但两者存在主题关系。因为像所有的哺乳动物一样，猫也可以产奶，但我们对这一点都很陌生，无法产生联想。同样地，苹果和重力之间本不存在联想关系，但在牛顿发现万有引力的内容上却存在主题关系。但是，主题关系与联想关系之间是有部分重叠的（Estes，Golonka，& Jones，2011）。比如"奶牛"和"牛奶"之间既存在联想关系，也存在主题关系。

　　主题关系不仅发生在确确实实相互影响和相互联系的概念间，比如我们确实使用"锤子"去"捶打"一颗"钉子"，同时也发生在能相互作用而无确切联系的概念间，比如"石头"与"钉子"。事实上，一些研究表明，无论两个概念是否相关，主题关系都能够发挥类似的效应（Estes & Jones，2009；Hare，Jones，Thomson，Kelly，& McRae，2009；Nation &

Snowling，1999；Simmons & Estes，2008）。因此，主题关系可以发生在无关的事物间，只要两种事物间的特征起着具体的相互作用就可以（Estes，Golonka，& Jones，2011）。

分类学关系与联想关系存在交叉（见图6-4）。对被试而言，有的分类学关系比较熟悉，容易形成联想。比如，"牛"和"羊"都属于"家畜"，而且语义关联度比较高。但是，"铝"和"金"都属于"有色金属"，却不容易联想到。同样，联想关系中有很大一部分也不是通过分类学关系而形成联想的。

分类学关系与主题关系存在交叉（见图6-4）。虽然分类学关系和主题关系的认知机制存在根本不同，甚至相互对立，但具身理论的多模态特异化理论认为，分类学关系和主题关系的语义知识基于感知运动系统上不同程度的激活（Kiefer & Pulvermüller，2012；Barsalou，2008；Barsalou，2010；Pulvermüller，Shtyrov，& Ilmoniemi，2005）。然而，在某种情境下，有的分类学关系也能形成主题关系。毕竟，同类的实体之间也可能发生功能性或者约定俗成的关系。比如，"老鼠"和"蛇"都属于"动物"，但它们之间也形成"捕食"的主题关系。当然，我们可以设置任何恰当的情景，使得很多毫无主题关系的分类学意义上的概念之间发生主题性关联。比如，"苹果"和"荔枝"同属于"水果"，但我们可以在某些场景中把"苹果"和"荔枝"放在同一个水果盘里，从而形成空间上相关联的主题关系。这里不讨论这种极端的例子。

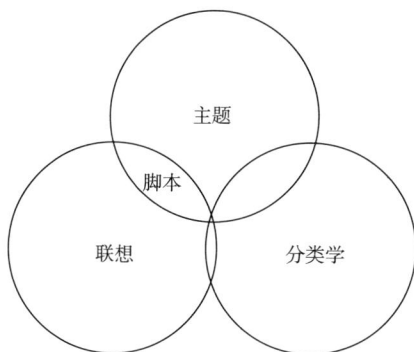

图6-4 四种语义关系的类型（联想、分类学、主题、脚本）及关系
资料来源：Estes，Golonka，& Jones，2011：281。

脚本关系隶属于联想关系和主题关系，与分类学关系不存在交叉。脚本关系中所包含的行动程序具有生活基础，显然可以支持联想关系；每一个脚本所包含的每一程序内部都可能存在主题关系，程序与程序之间的关系也是完成一个具有时间序列关系的主题，因而，脚本隶属于主题关系的范畴（Estes，Golonka & Jones，2011）。

综上所述，联想关系和脚本关系实际上包含多种类型或多组关系，在此我们并不对其进行讨论。分类学关系和主题关系的加工机制相对简单，但从项目整合的角度看，分类学关系很难整合成单一整体单元，不能诱发熟悉性效应，所以在这里我们重点关注的是主题关系——多个客体之间有可能通过相互作用而整合为构成单一的整体单元。

三　基本主题关系

在语义记忆系统中，超越特殊情景的主题关系信息是否也是以一定的方式存储的？这种储存方式是否存在一定的层级特点？特别是对于客体间的主题关系而言，是否也像一般客体概念一样，存在一个基础水平的关系概念？Roe（1990）认为，人类拥有非常一般的认知结构，即肌肉运动知觉意象图式。这些图式来自身体经验，能通过某些关系结构要素来定义，并能隐喻性地把这种关系结构投射到一个广泛的认知域。比如"哈巴狗"，其本质上是一种"狗"与"人"的关系，人们可以隐喻性地把这种关系投射到我们的视觉域、人际关系、集合的逻辑等领域。Baldwin（1992）认为，一个人可以通过关注一个关系图式的中间水平——这种中间水平就是"基础水平"——来表示共同的人际情境和互动模式。以上研究和论断都告诉我们，客体与客体之间的主题关系可能存在一个基础水平。那么，基础水平的主题关系是怎样的一种关系呢？

基本客体间的基本主题关系经常在心理学实验室中使用，却很少有人对这种关系的特殊性进行专门说明。比如，"狼"和"羊"的"捕食"关系就属于这类关系，而"动物"和"植物"的对比关系就不属于这类关系。另外，某一只具体的"狼"和某一只具体的"羊"也不属于这种关系，因为某一只具体的"狼"并不一定有能力或者有意愿"捕食"某一只具体的"羊"。也就是说，我们这里所说的基本客体间的基本主题关系指的是一种比较普遍的、一般的、基础水平的主题关系。下面我们首先阐述和分析基本客体之间的主题关系。

（一）基本客体之间的主题关系

首先，两个基本客体之间的关系属于同一层次概念的横向关系。这一特点排除了概念间的纵向类属关系。因为概念间的纵向类属关系属于不同抽象水平或层次的概念间关系，而基本客体一般指称一个现实世界中完整的实体。其次，基本客体间关系属于项目间关系。这一特点排除了项目内关系。因为基本客体对应的概念属于基础水平的概念，这个层次的概念特指在现实世界中可以与其他客体对象分离的客体对象，而两个分离客体之间的关系属于项目间关系。最后，基本客体间关系属于领域内项目间关系。这一特点排除了跨领域项目间关系。日常概念间的关系主要指熟悉的实体之间的关系，而客体与时间、空间、场景、情景或事件的关系属于跨领域的项目间关系。

基本客体间关系可以是感知觉关系，也可以是语义关系。这些关系可以整合成整体结构性关系，也可以整合成零碎结构性关系，还可以整合成临时搭配关系。比如，"鸟"和"裤子"这两个基本客体之间的关系，随着情景的不同可以表现出空间感知觉关系"鸟在裤子的旁边"，也可以表现出语义关系"鸟啄裤子"等。基本客体间的语义关系可以是联想关系，如"鸟"和"虫"；可以是分类学关系，如"鸟"和"羊"都属于"动物"；可以是主题关系，如"鸟"和"虫"存在"捕食"关系。

从上文可知，作为领域内项目间的横向关系，基本客体之间可以存在多种感知觉和语义关系。也就是说，两个基本客体之间的关系可能是任意的，比如"鸟"和"虫"，可以是"鸟在虫旁边""鸟和虫的先后出现顺序""鸟比虫子大"，也可以是"鸟和虫都是动物""鸟吃虫""虫和鸟对话"等。可见，基本客体之间的关系是多样的。那么，基本客体间的关系是否就意味着关系的基础水平呢？当然不是，可能还存在关系的基本层次问题。

（二）基本主题关系

结合概念的基础层次的相关知识，我们可以对基本客体间的基本主题关系进行以下阐述（见表 6 - 1）。为了更清楚地紧扣基本客体间的关系，我们在表述上采用了关系概念的方法，但这并不是其在长时记忆中的表征方式，比如"狼"和"羊"之间的关系用关系概念表述为"捕食"或者"追捕"，但这并不是两者关系的心理表征形式，其心理表征形式可能是语词的，也可能是某种内隐的关系结构。

表 6 - 1　关系概念的不同层次

上位层次 （语词）	基本层次 （内隐关系结构）	下位层次 （特定感知觉经验）
覆盖	裹着（羽毛，鸟） 遮盖（毛发，狗） 包围（皮肤，人）	裹着（灰色羽毛，麻雀）、包着（白色羽毛，白鸽子） 盖着（黑毛发，黑狗）、遮盖（杂毛发，杂毛狗） 包围（白皮肤，白人）、包裹（黑皮肤，黑人）
捕食	吞食（蛇，老鼠） 追捕（狼，羊） 抓（老鹰，小鸡）	追赶（眼镜蛇，老鼠）、吞食（蟒蛇，老鼠） 追捕（大灰狼，绵羊）、围攻（黑狼，山羊） 抓（苍鹰，小黄鸡）、擒拿（雀鹰，小黑鸡）
繁衍	生育（妈妈，胎儿） 产下（鸡，蛋） 产卵（青蛙，蝌蚪）	生产（某某妈妈，她的婴儿）、喂奶（绵羊，羊羔） 孵出（母鸡，双黄蛋）、产下（老母鸡，土鸡蛋） 产卵（田蛙，黑色蝌蚪）、产出（牛蛙，蝌蚪）
培育	教育（老师，学生） 教导（师傅，徒弟） 劝导（老人，小孩）	教育（小学老师，小学生）、讲解（高中老师，高中生） 教导（雕刻师傅，学徒）、训导（博导，博士） 谈心（大妈，小朋友）、劝导（大爷，儿童）
操控	驾驶（司机，汽车） 操作（工人，机床）	驾驶（男司机，轿车）、修理（女司机，吉普车） 操作（男工人，车床）、检查（女工人，车床）

从表 6 -1 可知，基本客体间的主题关系也可能存在不同的层次。其上位关系概念过分概括，我们的日常思维很难提炼或抽象到这一层次。这一层次的概念大多以语词的形式表征，要通过有意识地反省抽象才能得到。而下位关系概念又过于分化和琐碎，多以内隐编码的形式表征，它们之间可能包含非常多的关系，我们无法把握其相似点，导致我们很难区分这些

子范畴概念。因而，相对而言，基本层次的关系概念适得其中，在日常生活应用中，有其独特的认知效果。

可见，在人们的头脑中，主题关系有多个层次，其中有一个层次是最基本的，即基本层次。比如要想理解"捕食（蛇，老鼠）"和"捕食（狼，羊）"中的上位关系概念"捕食"是不容易的，因为这两个"捕食"虽然从词语表面上看是相同的，但实际上"蛇"对"老鼠"的捕食与"狼"对"羊"的捕食有差异很大的内隐关系结构信息。在基本层次的主题关系上，前者更强调"吞食"关系，而后者更强调"追捕"关系，这种关系具有只可意会不可言传的特点，即内隐性。另外，这里的"捕食"也不是指某一具体动物的具体情景，而是一种"捕食"关系的统称或者原型。主题关系的基本层次反映了人们在真实世界中，对客体间关系的感知关联结构。

客体间关系的基本概念具有"人的规格"。如果我们承认 Roe（1990）有关关系结构投射的观点——"人类拥有非常一般的认知结构，即肌肉运动知觉意象图式。这些图式来自身体经验，能通过某些关系结构要素来定义，并能隐喻性地把这种关系结构投射到一个广泛的认知域"——就可以得出一个结论：人们通过自身与其他客体的相互作用来理解和类比客体与客体之间的主题关系。因此，它们既不依赖于物体本身，也不依赖于人，而是依赖于人们与物体相互作用的方式。

基本主题关系具有很大的约定俗成性。在现实情境中，客观上存在许多必然的关系。如"眉毛"与"眼睛"之间的空间关系、"白天"与"黑夜"之间的自然逻辑关系、"母亲"与"孩子"之间的繁殖关系、"羊"与"草"之间的食物链关系、"动物"与"鸟"之间的类属关系等（Gentner & Kurtz，2005）。这些关系对人们的日常生活、学习和适应至关重要，并以概念或概念间紧密联结的方式储存在人们的头脑中。就基本主题关系而言，"司机"与"汽车"之间实际上存在许多关系，如"司机"比"汽车"轻、"司机"修理"汽车"、"司机"驾驶"汽车"等，不一而足。但是，两者之间在大脑中形成紧密联结的关系是"司机驾驶汽车"（McKoon & Ratcliff，1995）。这意味着，"驾驶"这一关系与"司机"和"汽车"这两个节点的联结更加紧密和突出。因而，人们对"司机－汽车"进行编码和提取时，更多偏向"驾驶"这一关系信息的加工。其关系信息的长时储存可能与语义记忆系统有关（Tulving，1985a）。

那么，为什么在两个客体间的诸多关系中，有一种关系更加突出呢？这可能有两方面原因：一是这种关系客观上发生的频率很高，二是某种文化习俗的选择性强调。由于习俗和文化的影响，人们还在日常生活动中形成很多约定俗成的关系（conventionalized relations；Green，Fugelsang，& Dunbar，2006；Kostic et al.，2010）。这些关系的存在客观上并不必然如此，但对于大部分人而言却是合理的、坚信不疑的，甚至成为人们的一种信念，从而主观上认为这类关系是一种必然关系，即与必然关系相混淆。比如"父亲"与"母亲"的关系在古代中国更多的是一种"支配与服从"的关系，而在现代社会或者在西方则更多地表现为一种"相爱与配合"的关系。再比如"狼"和"羊"的关系，在东方文化中更多地倾向于"吃或捕食"的关系，而在西方文化中更多地表现为"同为动物"的关系等（Nisbett & Masuda，2003）。

基本水平的关系往往与我们长年累月积累的日常体验和感知觉经验有关，这排除了实验室内临时操作的一些临时关系。另外，基本水平的关系往往具有完整的情景意象，这排除了零碎整合的结构关系。日常关系是建立在基本水平的基础上的，没有这种关系，我们很难理解其他感知觉关系、语义关系甚至人际关系，它对普通人的日常生活具有某种特殊重要的意义（Roe，1990）。从上文可知，主题关系和日常关系有很大的重叠性。可以说，绝大部分日常关系都是主题关系，因为主题关系是人们在日常生活早期就能获得的一种关系，而且主题关系依赖于两个客体之间的功能可见性和约定俗成性。但并不是所有的主题关系都是日常关系，比如，"大风"与"侵蚀的岩石"之间的因果关系，"曹雪芹"和"红楼梦"的写作关系。显然，对于普通人而言，有很多主题关系是不熟悉或者根本不了解的。

另外，日常关系涉及人们在日常生活中有意无意积累的知识，这些知识中蕴含着人们的丰富体验和感知觉经验，使得人们在实体与实体之间，或者事件与事件之间已经建立较大程度的联系。所以，日常关系一般都支持联想。而主题关系不一定是相互联想的，主题关系可以发生在无关的事物间，只要它们之间的特征起着具体的相互作用（Estes，Golonka，& Jones，2011）。另外，生活中一些更加特殊的只针对某些人的主题、梦境中的一些主题、文学小说虚构的与日常生活没有深层结构相似性的主题等都包含了一些非日常的主题关系。

　　综上所述，基本主题关系首先是一种主题关系，与分类学关系和联想关系等相区分。也就是说，客体间有一定的功能上相互作用或者互补的关系。其次，基本主题关系是在一定的环境和文化中比较常见和典型的主题关系，受到关系发生频率和文化约定俗成的影响。最后，基本主题关系与日常关系是不同的，日常关系可能涵盖更多关系类型。

第七章　基本主题关系熟悉性

Varghakhadem 等（1997）的研究发现，当关系信息激活相同皮质层（the same cortical regions）时，可以诱发熟悉性效应。选择性海马损伤的病人可以对新的单词－单词联结、脸孔－脸孔联结进行熟悉性再认，却不能对新的脸孔－声音联结进行熟悉性再认。如果两个项目加工激活的是大脑皮层的一个区域，就能诱发熟悉性效应，而对两个项目联结的回想加工涉及不同皮质层区域的激活（Mayes et al.，2001）。行为实验的很多研究也发现，遗忘症病人对两个分离项目的联结记忆表现出了很大的缺陷。Quamme等（2007）要求遗忘症被试对词对刺激进行两种编码，一种是分离编码条件（the separate encoding condition），比如把"云－草地（CLOUD-LAWN）"编码为两个句子"站在草地上，看着云"；一种是混合编码条件（the compound encoding condition），比如把"云－草地"编码为"用于看云的草地"，即两个词被作为一个混合词对待。结果发现，当被试把两个词语编码为一个混合的单一单元或者"联合"（unitized）成一个语义单元时，能够诱发熟悉性效应；当被试把两个词语编码成互不相干的、分离的两个语义时，无法诱发熟悉性效应。在项目与项目源的联结记忆中，也存在这种情况（Yonelinas et al.，1999；Yonelinas，1999；Quamme et al.，2007）。

大部分研究表明，无论是新旧项目，还是项目间的新旧联结，如果要诱发熟悉性效应，都必须有一个条件，那就是实验刺激的不同组成部分要能够通过被试的加工，整合成一个单一的项目或者语义，而整合不同刺激或者项目的基础就是这些项目间复杂的交互关系。项目间关系结构的信息加工能够引发熟悉性效应，这一现象在行为实验、病理群体和神经成像的研究中都得到了证实（Giovanello，Keane，& Verfaellie，2006；Quamme et al.，2007）。由此推断，基本主题关系的熟悉性加工可能与结构信息驱动（structural-driven）的加工有关。比如，当人们面对一些结构框架相似而表面特征不同的脸孔、室内设计和场景（Cleary，Langley，& Seiler，2004；Cleary，Ryals，& Nomi，2009；Cleary et al.，2012），或者面对一些合乎语法排列规则但自己从未学过的非词时（Reber，1967；郭秀艳、杨治良，2002；郭秀艳，2003；Cleary & Greene，2000），人们也能够对这些深层结构相似而表面不同的线索刺激进行成功再认。

可见，人们有能力脱离刺激表面的个别特征，而仅仅根据刺激之间某种抽象的整体结构信息，做出成功的再认判断。这种结构信息有其独特的行为表现基础和记忆基础。上文已经提及，人们的长时记忆中可能储存着一种相对独立的无意识结构知识（Mealor & Dienes，2013），比如基于意义的结构信息加工就可能与语义记忆系统有关，而基于知觉的结构信息加工则可能与某些特殊的大脑结构和功能独立的知觉表征系统（perceptual representation system）——单词形式系统（word-form system）和实物的结构描述系统（structural-description system）等有关。

一　内隐关系结构

熟悉性研究经常使用项目间关系的再认来研究熟悉性与回想的实验性分离问题及熟悉性是否支持关系信息的学习。研究表明，熟悉性并不支持人为匹配的任意关系加工，却能支持约定俗成的关系信息的加工（Kostic et al.，2010；Yonelinas，2002；梁九清、郭春彦，2012）。由于客体间关系的熟悉性研究涉及学习项目对与线索项目对之间的抽象类比结构的映射过程，所以就需要阐述关系结构信息与其他信息的相对独立性的有关研究。项目间或概念间关系类比任务（analogical task）涉及的类比关系的相似性比较过程，包括表面相似性和关系结构的相似性两种情况（Shiffrin & Steyvers，1997；Gillund & Shiffrin，1984）。

(一) 四项类比任务

广义地说，类比认知（或简称"类比"）是指被试在面对类比刺激时，根据两对项目间关系的类似性，而非项目的表面特征的相似性，从类比源到类比目标进行类比结构的对应比较、映射、评估和判断的加工过程（Gentner & Smith，2012；Gentner & Markman，1997；Gentner，1983；Gick & Holyoak，1980；Miller，1947；Raven，1938）。"类比"这一术语来源于古希腊语"αναλογια"，在拉丁语中为"analogia"，常被译为"an understanding of proportionality"（一种比例相称的理解）。"analogy"的词根可能来自"λόγος"，含有"计算"（reckoning）、"关系"（relation）、"解释"（explanation）、"辩论"（debate）和"口头陈述"（verbal-statement）的意思。"类比"这一概念至少与类比任务、类比关系、类比推理、类比思维和类比问题解决等概念有关。所以，要理解和使用类比概念必须在具体的类比任务情境中。

类比任务一般来源于日常生活和教育中的类比迁移（analogical transfer）现象。比如人们常用"小鸡啄米"形象地类比"员工对领导点头"的社会情境，老师用太阳系各星球的关系来类比电子模型，奥古斯特·孔德（Auguste Comte，1798-1857）用生物有机体来类比社会系统，弗洛伊德（Sigmund Freud，1856-1939）用冰山来类比人格结构等，这些都是类比认知的典型实例。虽然类比现象广泛存在于人们的生活和学习中，但对类比现象进行实验研究，则源自颇负盛名的格式塔学派的邓克尔关于"士兵攻击城堡与射线放射肿瘤"问题的类比实验研究（Duncker & Lees，1945）。在心理学实验内，一般有三种类比任务，分别是四项类比（four-item analogy）、场景类比（scene-based analogy）和问题类比（problem-based analogy）。下面着重介绍四项类比任务。

四项类比的概念受到柏拉图、亚里士多德和培根等人的限定，引导了类比领域的现代研究，同时它也是测量智力"g"因素的核心任务，并且很早以前就在心理学研究中扮演着重要角色（Baker，Burstein，& Collins，1987；Raven，1938；Miller，1947）。四项类比任务的基本形式一般表现为两两匹配的四个类比项（a，b，c，d），其表达形式为（a-b）∷（c-d）。

根据类比项目的表面特征，四项类比又可以分为语词类比（verbal analogy）、图画类比（pictorial analogy）、模式类比（pattern based analogies）和数字类比（numerical analogies）（见表7－1）。

表7－1　四项类比任务举例

	类比源项目	类比目标项目	关系概念
语词类比	土蛇－田鼠	老虎－羚羊	捕食
图画类比			捕食
模式类比			对称
数字类比	11∶33	20∶60	等比

资料来源：赵广平、周楚、郭秀艳，2015：386。

除了四项类比之外，还有场景类比和问题类比两种类比任务，其中，场景类比主要是利用视觉图片表示的生活场景（Markman & Gentner，1993）来描述类比项，而问题类比则是利用实际的问题空间（Gick & Holyoak，1980；Holyoak，1984）来描述类比项，这里不再赘述。

（二）类比关系再认

类比认知的早期研究认为，类比迁移的加工过程包括检索、选择、映射和应用等过程。其中，检索、选择和映射加工与再认有关。Ross（1984）认为，大部分的问题解决都是通过对"早先某些特殊情景的无意识检索"（unintended retrieval of earlier specific episodes）来完成的。显然，这里所说的"检索"概念与现在的"检索"略有区别。再认记忆领域一般把"检索"看作有意识的回想过程，这可能与当时人们对再认过程的认识水平有关。之后，有关研究进一步把检索过程细分为激活和选择两个阶段，认为检索就是首先激活多个刺激，再选择与线索最相关的刺激（Ross，1987；Gentner et al.，1993）。大部分研究认为，表面信息在激活方面具有重要性，而关系结构信息则主要影响的是选择过程（Holyoak，1985；Gentner et al.，1993）。

比如，Holyoak 和 Koh（1987）采用问题解决范式，利用表面相似性和结构相似性两个因素形成了四组修理灯泡问题作为学习材料，接着让被试解决类似邓克尔的肿瘤放射治疗问题。具体地说，表面相似性通过使用激光（相似信息）或超声波（不相似信息）修理灯丝来操作，而结构相似性通过问题的约束条件来操作：激光或超声波太强会烧坏灯丝（结构相似）；仅一台激光或超声波仪器的能量不能修好灯泡（结构不相似）。结果发现，表面相似性和结构相似性会产生一种累加效应，使得问题解决比率达到最高（69%）。但该实验没有明确地区分激活、选择和应用三个过程，因而不能对再认加工进行更清晰的划分，这可能与问题解决范式方法的局限性有关（Reeves & Weisberg, 1994）。

Gentner 等（1993）进一步使用再认法区分了激活和选择过程。他们要求被试先学习 32 个故事，一周后再认 18 个故事，这 18 个故事与学过的故事存在表面相似性或结构相似性。接着要求被试进行两种任务：一是写出自己能想起的学过的故事（激活或想起条件），二是判断哪个故事与学过的故事更类似（选择条件）。结果显示，被试更容易"激活或想起"表面相似的故事，而结构相似的故事更容易被"选择"。这表明，表面信息在激活阶段起重要作用，而结构信息在选择阶段起重要作用。

以上研究肯定了表面信息在早期激活中的作用。但是，无论是激活条件还是选择条件，其使用的测量方法都是问题解决法和外显再认法。这两种方法要求被试进行有意识的回想或者检索，强调信息的外显提取和表达，忽略了内隐提取的加工。即使是 Gentner 等（1993）的无意识迁移实验也依赖于外显测量，比如"激活"条件是通过要求被试外显口述或回忆去测量无意识的激活，这就要求被试明确地回忆学过的内容或者直接选择材料。总之，由于表面信息更易于表达，这可能导致实验者更倾向于强调表面信息在早期激活中的作用，而忽略了抽象的深层关系结构信息在再认中的作用。因此，这一阶段的研究虽然细分了类比关系再认的加工过程，但并没有分离外显回想检索和内隐提取加工，其所得结论也倾向于基于回想的外显再认过程。

综上所述，虽然类比认知的传统研究存在方法上的局限性，但大部分研究都主张类比认知加工过程是被试根据线索提供的信息，在大脑中检索或偶然激活样例信息、抽象结构或图式等相似信息，并在两种类比事物之间进行深层映射的加工过程（Gentner，1983，1989；Holyoak，1985；Medin & Ross，1989；Ross，1987）。其中，涉及项目间关系相似性的再认，比如被试对学过的类似信息进行提取，以及在项目对线索与学过的项目对之间的映射加工（Gentner，1989；Gentner & Smith，2012；Sternberg & Nigro，1980）等过程都与再认记忆有关。其中，检索是指被试根据当前工作记忆中的某一情景回想长时记忆中储存的类似情景（Sternberg & Nigro，1980；Reeves & Weisberg，1990；Ross，1987，1989；Ross & Kennedy，1990；Novick & Holyoak，1991；Reed，Ackinclose，& Voss，1990），这一过程与基于回想的再认有关。而映射是指被试在两个类比情景之间进行表征校准和投影推断的加工（Holland，Holyoak，Nisbett，& Thagard，1986；Holyoak，1985；Holyoak & Thagard，1989；Gick & Holyoak，1983；Holyoak，1984；Holyoak & Koh，1987），这一过程与基于熟悉性的再认有关。因而以往研究认为，熟悉性过程依赖于线索与学习材料的相似性信息的比较过程（Shiffrin & Steyvers，1997；Gillund & Shiffrin，1984）。

（三）再认中的相似性信息

根据 Gentner（1989）的相似性空间理论（见图 7 - 1），事物间的相似性可区分为表面特征相似性①和关系（或结构）相似性。人们进行相似性比较时，可能面临四种情况：完全相似、完全不相似、仅表面相似和类比相似。比如"老虎 - 羚羊"与"壁虎 - 蚊子"之间虽然表面不同，但语义关系类似（Gentner & Smith，2012）。可见，项目对与项目对之间的类比关系主要指两客体之间或两情景之间只有关系相似性而无表面特征相似性的情况。

---

① 就四项类比任务而言，这里所说的"表面特征"除了包括类比源和类比目标项目的物理特征，比如英文中的字母组合、中文中的笔画字形等，还包括单个项目的概念特征和关系概念信息，比如被试仅仅依靠线索项目对中某一项目的表面概念或关系概念，来激活学过的项目对信息，而不是依靠项目间的深层关系信息。由于本书使用的是中文和图片材料，物理特征方面的相似性很不明显，因而下文在使用"表面特征信息"或"表面信息"这一概念时，主要强调项目对中单个项目的概念或关系概念信息，以区别于项目间的深层抽象关系结构信息。

图 7-1 Gentner 的相似性空间理论

在进行线索再认时，被试眼前的线索提供的某一信息能够激活先前学过的其他信息，从而达成再认（Mayes，Montaldi，& Migo，2007）。当给被试提供的再认线索是另一个关系类似的项目对时，该线索给被试提供了两种重要信息——各项目的信息和项目间的关系信息。如当被试学习过"羽毛-小鸟"，而再认线索为"毛发-小狗"时，其再认加工过程首先与"羽毛""小鸟""毛发""小狗"这四个项目的概念有关，比如"毛发"这一概念有可能激活"羽毛"这一同类别概念，也可能激活所有与"毛发"或"羽毛"有关的同类别范畴的类属概念信息，如"小鸟""小狗""狮子""人"等。然后是关系信息，其中至少与三种关系信息的激活有关：一是内隐的关系节点，如"覆盖"这一现实的经验表象；二是外显的关系概念，如"覆盖"这一词语的概念信息；三是"羽毛""覆盖""小鸟"这三个概念节点的联结信息，也表现为一种抽象的类比结构，如"羽毛覆盖鸟儿"与"毛发覆盖小狗"之间所有概念的一一对应结构。

二 关系信息启动

以往研究表明，单个项目的概念、项目与项目之间内隐和外显的关系概念以及关系结构信息的激活都可能与被试的再认记忆有关（Yonelinas et al.，2010；Ryals & Cleary，2012；Voss et al.，2010；Stenberg et al.，2010）。那么，项目概念、关系概念和关系结构信息在再认过程中是独立的吗？这三种与再认有关的信息是相对分离的吗？这一问题在类比结构的启动研究和类比结构映射的研究中都有所探讨，下面简要阐述这一部分研究。

（一）关系概念的独立启动

有研究表明，关系信息的提取过程也可能以一种非外显的方式进行，而且关系概念有可能与项目概念相分离而单独启动（Needham & Begg，1991；Weisberg，1980）。比如，当被试学习了邓克尔的"士兵攻击城堡"问题后，在解决"射线放射肿瘤"问题时，被试虽然想不起"士兵"与"城堡"之间的关系是"从多个方位分头攻击"，甚至忘记了自己曾经学过的"士兵攻击城堡"问题，但眼前的"射线放射肿瘤"事件仍然可以激活曾经学过的类似信息，并据此判断自己曾经学过的类似材料（Wertheimer，1959），这涉及一种类比关系的内隐启动现象。下面首先介绍启动范式以及启动范式下的类比关系研究。

启动范式。大部分内隐记忆的研究都与重复启动的直接或间接效应有关，该范式的逻辑本质上继承自 Ebbinghaus 的节省法（Roediger，1990）。启动范式主要指当被试再次加工先前呈现过的某一个类似的或相同的刺激时，其加工过程会发生易化现象（Cofer，1967）。在心理学实验中，通常使用内隐测试任务来评估启动效应。主要有以下几种。一是词汇判断测试。该测试要求被试判断一个字母串是否合乎词法。如果被试对再次出现的字母串进行词法判断，其加工时间出现潜在递减现象，即发生启动效应。这说明，被试通过先前的字母串判断任务，习得了单词的深层词法结构，从而促进了同类结构材料的再认判断（Forbach，Stanners，& Hochhaus，1974；Scarborough，Gerard，& Cortese，1979）。二是知觉辨认测试（Feustel，Shiffrin，& Salasoo，1983；Jacoby & Dallas，1981）。该测试要求被试对一个快速呈现（如30ms）的单词进行辨认。如果对于先前呈现过的单词，被试所需的必要呈现时间减少，或者辨认的正确率提高，启动效应就发生了。三是词干补笔和残词补全测试（Graf，Mandler，& Haden，1982；Tulving et al.，1982；Warrington & Weiskrantz，1974）。该测试给被试呈现一个单词的主干部分（如"table"的词干"tab"）或者单词片段（如"assassin"的片段"_ss_ss_"），通过被试填充残词正确率的提升来判断启动效应。此外，启动效应还使用阅读变体字迹（Kolers，1975，1976）、脸孔辨认（Bruce & Valentine，1985；Young，McWeeny，Hay，& Ellis，1986）和自由联想（Storms，1958；Williamsen，Johnson，& Eriksen，1965）等其他测试来测量，这里不再赘述。

关系信息的启动。有研究发现，虽然项目的表面信息对关系信息的激活或提取有促进作用（Gentner et al.，1993），但关系信息也能够独立地促进表面信息不同而结构类似问题的解决（Green，Fugelsang，& Dunbar，2006）。比如，有研究直接比较了项目概念与项目间关系概念在类比再认中的启动效应，结果发现，词对（如"狗熊－洞穴"）的学习启动了类比词对（如"麻雀－鸟巢"）的加工，却没有启动表面概念相似而深层关系不同的词对（如"狗熊－沼泽"）的加工（Spellman，Holyoak，& Morrison，2001）。另外也有研究发现，关系结构信息相似的文本也可能引发启动效应（Blanchette & Dunbar，2002）。这表明，在类比关系的再认中，可能存在一种独立的关系信息。

Green、Fugelsang 和 Dunbar（2006）进一步考察了关系信息的独立性。因为关系信息引发的启动效应可能与关系概念有关，也可能与关系结构信息有关，也有可能混杂了同类别范畴信息引发的效应。比如在"麻雀－鸟巢"和"狗熊－洞穴"这两个词对中，对应项"麻雀"和"狗熊"都属于"动物"这一类别范畴，"鸟巢"和"洞穴"都属于"住处"这一类别范畴。被试可能在这两个项目对的范畴概念之间对应激活，从而引发启动效应。实验者运用 Stroop 范式的变式，即颜色命名范式（color-naming paradigms），分离了同类别范畴信息和关系信息各自引发的启动效应。实验材料有两种：一是真实的类比词对，如"铁罐－汽水"和"瓶子－啤酒"，两个词对具有语义上约定俗成的真实类比关系，如"装满"；二是虚假的类比词对，如"店员－超市"和"汽车－摩托"，虽然每对词都有约定俗成关系，但两个词对之间的关系并不类似（见表7-2）。

实验者首先给被试左右呈现词对"铁罐－汽水"和词对"瓶子－啤酒"，要求判断词对是否有约定俗成关系（如表7-2）。接着给出条件。一是类比条件：判断左右两个词对是否具有类比关系，目的是激活关系信息表征。二是分类条件：判断上下两词是否属于同类别范畴，如"汽水"和"啤酒"是否都属于"饮料"，目的是激活类别范畴概念的表征。被试做完是非判断后，立即呈现色彩词。如红色呈现"饮料"、黄色呈现"量尺"，

表7－2　启动效应材料举例

真实类比词对	虚假类比词对		
关键词对	词对与关系概念不相关		
铁罐　瓶子 ＋ 汽水　啤酒	幼犬　小驹 ＋ 小狗　骏马	店员　汽车 ＋ 超市　摩托	耳朵　鼻子 ＋ 耳环　纸巾
饮料（红）	量尺（黄）	骨骼（蓝）	思考（绿）

资料来源：Green, Fugelsang, & Dunbar, 2006：1416。

让被试判断其颜色，并按相应的反应键，这是 Stroop 范式的基本操作，这里不再赘述。结果发现，类比条件启动了关系概念和类别范畴概念，而分类条件仅仅启动了类别范畴概念，没有启动关系概念。这说明，项目间的类别范畴概念和关系概念可能是相互独立储存和提取的。另外还有研究发现，关系信息的启动可能有更多的推动力，相比客体间关系，关系间关系的启动需要花费更多的加工时间。因为关系间关系的启动不只涉及客体间的一阶关系，还可能涉及关系间的高阶关系（Gentner & Markman，1997）。

总之，由项目概念组成的同类比范畴性信息和关系概念信息都可能影响关系信息的启动，而且关系信息的启动有可能涉及更深层次的关系结构的加工。在关系信息的提取中，项目的概念信息、项目概念的同类比范畴性信息和关系概念信息都可能独立地促进项目间关系的再认。更重要的是，还可能存在一种更深层次的、抽象的关系结构信息的独立影响。因为关系结构信息可能与类比结构信息有关，而有关类比结构独立性的研究要归功于类比结构映射的研究。下面简述该领域的基本内容。

（二）关系结构的独立映射

关系结构也被称为类比结构，此概念来自结构主义的观点。纵观以往文献，结构主义的理论渊源涉及 Piaget 的经典结构主义（classical structuralism）和 Gentner 的现代结构主义（modern structuralism）。

经典结构主义的理论起源于柏拉图和亚里士多德的四项类比研究，其主张"关系的思维"（relational thought）要高于"表面特征的思维"（fea-

tural thought），这里的表面特征包括项目的物理知觉特征和概念语义特征
等。就研究的具体问题而言，经典结构主义主要研究关系获得的发展问
题，较少研究类比结构本身。现代结构主义是由 20 世纪末的认知主义、神
经心理观点直接催动的（Gentner & Smith，2012；Gentner，Holyoak，&
Kokinov，2001；Gentner & Markman，1997；Gentner，Ratterman，& Forbus，
1993；Gentner，1983），其中以 Gentner（1983）的结构映射理论（structure-
mapping theory）为典型代表。该理论继承了 Piaget 经典结构主义的低阶关
系和高阶关系划分的思想，并把重点放在类比结构方面，认为类比结构是
指在两个类比项之间存在一一对应映射的关系网络，其中，类比结构与表
面特征信息无关，具有抽象性和独立提取的特点（见图 7 – 2）。

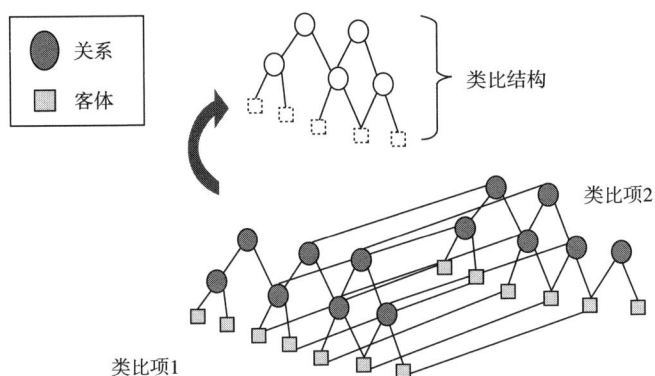

图 7 – 2 类比结构映射的示意

　　有研究发现，人们可能能够对一些表面不相似而深层关系相似的类比
材料进行有效的迁移和再认（Gentner & Smith，2012）。这表明，人的大脑
中可能存在一种抽象的项目间关系结构信息，这种信息可能不同于项目的
表面信息。那么，这种结构信息与表面信息在记忆储存和再认过程中是相
对独立的吗？还是互相捆绑在一起的呢？对此，类比迁移领域的研究给出
了自己的答案。有的研究认为，项目间的图式结构信息与项目的表面信息
是整体绑定的（Reeves & Weisberg，1994）；有的研究则强调结构信息与表
面信息在不同的加工过程中是相对独立和分离的。但是，很多研究都强调
表面信息在被试的记忆提取初期起着重要作用（Ross，1989）。下面分别
对类比迁移的有关理论进行简要介绍。

类比迁移理论主要有三个：结构映射理论（structure-mapping theory）、实用图式理论（pragmatic schema theory）和样例理论（exemplar theory）。该领域的研究主要围绕四个方面的问题展开：①被试对类比结构或图式的归纳是自动的，还是策略的？②被试对类比结构或图式的归纳是保守性的，还是消除性的？也就是说，表面信息在归纳过程中是否能被保存下来？③如果是保守性归纳，那么除了保存类比源的表面信息外，是否还保存了情景或上下文线索？④在类比源的检索和应用中，表面信息和结构信息，哪一个更重要？其中，问题②、问题③、问题④都涉及项目间关系结构信息是否独立的问题。如果被试对结构或图式的归纳是消除性的，而且在应用中可以独立检索，那么关系结构信息就可能独立于项目的表面概念信息和与项目关联的情景信息等而提取（Reeves & Weisberg，1994）。

1. 关系结构独立性观点

结构映射理论。该理论侧重研究被试根据线索对类比源的选择和应用过程。它认为，类比源和类比目标一开始是在所有水平上（表面特征和关系结构特征）进行匹配的，然后从全部潜在的匹配中选择那些相似性最高的信息映射到类比目标。即被试先在不同类比项目之间进行特征属性的逐个匹配，再根据结构相似性原则从长时记忆中提取出相似的关系结构信息（Gentner，1983）。就检索过程而言，该理论承认关系结构性信息的独立存在，强调表面特征和深层关系结构的先后提取，认为表面信息在检索中扮演着重要角色，而关系结构信息在之后的选择和映射过程中才是最重要的（Gentner，1989）。

实用图式理论。该理论强调结构的重新定义和结构图式的归纳这两个问题（Reeves & Weisberg，1994），区分了基于图式（从抽象到具体）和基于类比（从抽象到抽象或者从具体到具体）的两类不同的问题解决类型（Holyoak，1984），认为如果有一定数目的类比源被激活，被试只能从中选择其中的一个进行映射。而类比源的选择依赖于类比源表征的相对强度（与过去经验中的有用性有关）、类比源的激活程度（与类比目标的重叠程度有关）和完成任务的目标要求三个方面。该理论认为，类比源的检索是一种基于相似性的检索机制（a similarity-based retrieval mechanism），依赖于表面特征的重叠（Holyoak & Thagard，1989）、目标的匹配（Holyoak & Thagard，1989），或者这两者都起作用（Holyoak & Koh，1987）。表面信息能够促进相同领域问题的类比迁移，而抽象的关系结构信息则对不同领域间的迁移有用，因为在不同领域的问题之间，只有关系结构方面的相似性才是最大的。然而在类比源检索阶段，该理论强调的是表面特征和关系结构的同时独立提取特点（Holyoak，1985）。

可见，在类比源检索问题上，实用图式理论与结构映射理论的观点相同，都认为表面信息对类比源一开始的检索起关键作用，而之后的选择和映射过程则主要依赖于更深层次的关系结构。因此，这两种理论都认为，表面信息和抽象关系结构信息是相互独立的（Holyoak & Thagard，1989；Thagard，Cohen，& Holyoak，1989）。

2. 关系结构非独立性观点

样例理论起源于多痕迹模型（multiple-trace model；Hintzman，1986，1988）。多痕迹模型主要关注图式归纳和检索问题（Reeves & Weisberg，1994），认为人们学过的每种样例都会产生相应的情境记忆痕迹（episodic memory trace），类比源和类比目标的表面信息、关系结构信息和背景信息都会被登记编码，并具有同等权重。Ross（1984）据此提出类比迁移的样例理论，认为问题解决是通过"对早先某些具体情景的无意识检索"（unintended retrieval of earlier specific episodes；Schank，1982）来完成的，而这种检索依赖于类比源和类比目标的表面信息或者结构信息细节的相似性。Ross（1989）把一个问题的内容分为全部语义领域（如"教育领域"）和样例中提到的特定客体（如"学生"），认为这两方面对于类比迁移的不同阶段存在不同影响。问题的语义领域中相同范畴成员（category membership）的相似性（如"都是教育领域"）使得被试"注意到"（noticing）与类比目标相关的类比源信息，这对以后的激活和检索有很大影响。一旦接近适当类比源，问题的表面信息就会进行一一对应。可见，这一理论在激活和检索之前又加入了一个"noticing"的过程，而且该理论强调表面信息和深层关系信息的相互捆绑。

综上所述，类比研究虽然提出了抽象关系结构的概念，而且提及结构信息提取和映射过程的无意识性，但大多数研究还是把类比迁移看作一种深思熟虑的有意识加工过程，特别是对于较复杂的类比迁移问题，以往研究更加强调基于回想的再认过程。然而，过去几十年的研究表明，不是所有的类比迁移都是经过深思熟虑的，被试在完全没有意识参与的情况下，也能够发生类比迁移（Blanchette & Dunbar，2002）。有研究发现，尽管人们不能回想起那些涉及多个项目和多种关系的类比问题（Gick & Holyoak，1980），但相似的深层关系结构却可能促进问题解决过程中的记忆提取（Gentner，Ratterman，& Forbus，1993；Holyoak & Koh，1987；Ross，1987，1989；Wharton，Holyoak，& Lange，1996），甚至在没有注意到记忆中的类比信息时也能够促进问题解决（Schunn & Dunbar，1996）。那么，基于熟悉性的项目间关系提取研究就显得至关重要了，因为基于熟悉性的再认并不依赖于表面信息的回想，被试甚至不知道是什么信息引发的熟悉感，却能对类似信息做出有效的再认判断。

（三）成对关系的熟悉性

有关概念间关系的熟悉性研究已经相当丰富，争论的问题也很多。其中最基本的问题是：熟悉性是否支持概念间关系的加工呢？这就涉及两个重要论题：一是熟悉性是否涉及语义信息的加工；二是熟悉性是否反映概念间关系信息的加工。以往研究发现，熟悉性与回想存在加工水平方面的分离，认为熟悉性仅仅反映知觉加工，不涉及语义加工，而且熟悉性过程不涉及概念间关系信息的加工（Yonelinas，2002）。但也有研究发现，熟悉性可能反映语义关系信息的加工（Kostic et al.，2010；Yonelinas et al.，2010）。以往研究大多关注概念间人为匹配关系的研究，概念间语义关系的研究直到目前才成为熟悉性的热点研究内容之一。下面分别阐述以往理论对该问题的不同观点。

1. 不支持两个分离的概念

Atkinson 模型和 Mandler 模型指导下的研究认为，熟悉性过程反映了记忆中已存词汇节点或项目的定量激活，只支持单一项目的个别知觉属性的加工，并不支持节点与节点、概念与概念之间的时空关系或体验等语义信息的加工，只有回想才支持概念间联结信息的加工（Yonelinas，2002）。这一阶段的主要贡献是，发现很多概念间关系并不能引发熟悉性效应。该阶段研究的概念间关系大部分是人为设置的情境性的时空关系等，被试很难把这些临时搭配的项目整合成某一单个的整体。

2. 支持两个整合的概念

双加工理论近期模型（Jacoby 模型和 Tulving 模型）提出加工流畅性和语义记忆的观点，认为熟悉性可能反映概念间关系或关联信息的再认加工，但需要一定的约束条件（Mayes et al.，2004）。最初的研究表明，该约束条件是概念间形成的关系本身必须具有某种整体属性。而后来的研究表明，被试对概念对的主观整合能力才是关键因素。在这一阶段的研究中，最具有代表性的是 Mayes 的领域二分观点（domain dichotomy view；Mayes et al.，2004）和 Yonelinas 的整合假设（unitization hypothesis；Yonelinas，2002）。

领域二分观点认为，陈述性记忆涉及事实和事件的有意识的回想能力，单词或项目概念的各组成成分都是通过直接联结，或者通过时间、空间及其他类型的关系等间接联结在一起进行表征的（Mayes et al.，2007）。人们在进行检索提取时，往往先激活某一成分，再连带激活其他成分甚至整个记忆网络，从而使先前储存的情节性信息和语义信息得以再认。其中，单一项目也是由不同组成成分相互关联而形成整体的，属于一种项目内的关系记忆。因此该观点认为，并不能使用项目与项目间关系来区分熟悉性与回想的加工，只是熟悉性能够加工来自相同领域的事件或事物，比如"脸孔－脸孔"，而不能支持不同领域的项目间关系，比如"姓名－脸孔"或者"A 激怒 B"等关系（Mayes et al.，2007）。

整合假设观点则认为，领域二分观点有一定合理性，但并不能完全解释实验结果。熟悉性并不支持人为的、随机匹配的项目间新联结，即使它们来自相同的领域，特别是当成对项目之间没有任何关系时——比如"方形"和"鲨鱼"之间的关系很微弱或者根本不存在——被试对其关系的再认无法引发熟悉性效应。而"老鹰"和"小鸡"就能整合成一个单元，如"老鹰捕食小鸡"，对其关系的再认就受到熟悉性的影响。因而整合假设观点认为，只有当被试有能力把两个概念整合成单一项目、单元或统一整体时，其联结或关系记忆才会影响熟悉性加工。

　　总之，整合假设能够解释迄今为止的大部分实验结果（Yonelinas，2002；Kostic et al.，2010）。整合假设是熟悉性过程能否反映概念间关系加工的关键约束条件，并且可能为熟悉性加工的整体匹配问题提供坚实的理论依据。

第八章　语义结构的熟悉性实验

对于项目间语义关系的认知加工机制而言，类比关系认知领域研究的最大贡献，就是发现在四项类比任务中，项目概念、关系概念和项目间抽象关系结构信息有可能相互独立地加工，而且结构映射理论专门研究了项目间抽象关系结构的整体映射加工。类比关系认知领域围绕类比源的激活、选择、映射和应用过程进行了大量的研究，涉及四项类比、问题类比和场景类比等任务，并在此基础上提出了相应的理论。大部分研究发现表面信息在早期激活中的重要性，而深层关系结构只在激活之后的选择过程中扮演重要角色，这为项目间约定俗成的语义关系——基本主题关系的深层加工机制研究提供了重要参考。

类比关系认知的研究至少存在三方面的问题。首先，问题解决范式指导下的类比研究没有分离信息的再认过程和应用过程。在具体的研究中，实验者只重视评估和分析最后的问题解决结果，并没有重视被试的再认效果评估。被试可能对测试材料感到熟悉或者似曾相识，但没有成功解决问题。其中的原因可能是，被试必须有意识地进行回忆、推理、思维、决策并外显地表达出来，才能最终成功地解决问题，因而问题解决范式更加适合研究有意识的外显迁移现象。

其次，类比领域的实验任务大部分使用的是问题或情境类比材料，较少使用难度太低的经典四词类比材料。实验的一般做法是，先要求被试学习一些情境性的故事或者空间问题，然后延迟较长时间，进行再认测试。这种方法已经具备了再认记忆研究的基本框架——学习和测试程序，但没有区分回想和熟悉性这两种不同的再认过程。而且在再认时，被试只需要做出学过与未学过两种再认判断，并不要求被试给出判断依据或者熟悉性评分。因此，这些研究虽然发现了深层关系结构在再认中的重要作用，但并没有对熟悉性加工过程进行专门探讨。

最后，类比领域的启动研究虽然开始分离项目概念、关系概念和结构信息的加工，但是学习和再认阶段之间的延迟时间很短。被试学习一个项目后，马上接受测试。在这种条件下，所得的实验效应更可能与记忆库中节点或节点间关系的临时激活有关，而与基于熟悉性的再认提取无关。其结果也只能解释材料的快速激活或易化现象，很难解释日常生活中由于长时间间隔而造成的似曾相识现象或者熟悉性再认现象。总之，类比研究为客体间约定俗成关系的熟悉性研究提供了很多可资参考的方法和资料，但很少与熟悉性的研究相互借鉴和融合。

有关语义关系熟悉性研究的最大贡献就是确立了熟悉性研究范式和项目间关系引发熟悉性效应的关键条件。但是，大部分研究关注的是人为匹配的任意关系，对于约定俗成的客体间语义关系——基本主题关系的研究相对较少，可能是因为被试头脑中约定俗成的关系含有更丰富的信息，会干扰研究者的实验目的吧。而且，大部分研究只是围绕客体间关系引发熟悉性效应的可能性展开的，并没有系统地深入探讨熟悉性加工机制。然而，现实存在的客体间关系的特殊性是：它们具有不同于随机匹配或者人为整合的特点，是人们在长年累月的日常生活和学习中习得的关系，具有很大的内隐性和约定俗成性。比如"缰绳－骏马"，人们有时很难有意识地准确表述其关系概念或者全部关系信息，却能够很快实现语义通达，这类关系可能能更好地分离关系概念和内隐关系结构这两种信息。

因此，我们需要进一步阐明引发熟悉性的关键因素是关系概念，还是内隐关系结构信息，以及项目本身的概念信息对熟悉性有什么样的影响，这对于真实情境下关系的学习和再认具有重要意义。

一　关系概念与熟悉性

关系概念对熟悉性加工的影响主要涉及三个方面：一是关系概念的学习对熟悉性效应的影响（学习阶段）；二是关系概念作为线索对熟悉性效应的

影响（测试阶段）；三是关系概念的回想对熟悉性效应的影响（被试任务）。

（一）学习阶段：关系概念的学习无显著熟悉性效应

Kostic 等（2010）运用无线索回忆再认范式和语义关系材料（见表8-1）探讨了关系概念信息在熟悉性加工中的作用，通过两个实验发现，关系概念的学习对熟悉性效应没有显著影响。

第一个实验使用了实验组和对照组设计。实验组学习阶段要求被试学习概念对，比如"知更鸟-鸟巢"及其关系概念"建造和居住"，而对照组学习阶段只学习概念对；测试阶段都采用"海狸-堤坝"作为再认线索，要求被试尽量回忆学习阶段学过的类似信息，无论被试能否回忆，都要求对线索概念对进行熟悉感评定。在结果分析时，仅仅分析被试没有回忆任何信息情况下的熟悉感排序。结果发现，实验组和对照组对学过的类似关系都发生熟悉性效应，但是，学习阶段呈现关系概念的条件和没有呈现关系概念的条件相比，两种情况下的熟悉性效应没有显著差异。也就是说，被试在学习阶段学习时，关系概念的呈现并没有起到显著的作用。

表8-1　学习和测试阶段类比词对举例

Condition	Study	Test Cue
Expriment 1		
Relationship stated	robin – nest	Beaver – dam
	Relationship：Builds and lives in	
	bear – fur	whale – blubber
	Relationship：Keeps warm	
Relationship unstated	robin – nest	beaver – dam
	bear – fur	whale – blubber
Expriment 2		
Relationship at test	robin – nest	Relationship：Builds and lives in
	bear – fur	Relationship：Keeps warm
Relationship at study	Relationship：Builds and lives in	robin – nest
	Relationship：Keeps warm	bear – fur
Expriment 3	robin – nest	beaver – dam
	Relationship：Builds and lives in	
	bear – fur	whale – blubber
	Relationship：Keeps warm	

资料来源：Kostic, Cleary, Severin, & Miller, 2010：406。

Kostic 等（2010）的第二个实验采用与第一个实验基本类似的设计，学习阶段要求被试仅仅学习关系概念，而用概念对作为再认线索时，并没有发生熟悉性效应。然而，被试学习概念对（如"知更鸟－鸟巢"），而用关系概念（如"建造和居住"）作为再认线索时，却发生了熟悉性效应。这表明，关系概念在学习阶段的学习并没有显著激活诱发熟悉性效应的主要信息，但作为线索时，有可能诱发熟悉性效应。

赵广平、周楚和郭秀艳（2015）大致沿用 Kostic 等（2010）的实验材料和实验设计，使用中文双字词材料和相应的实物图画材料（见表8－2），考察了单独学习关系概念对熟悉性效应的影响。结果发现，无论是以词对为线索，还是以相应的事物图对为线索，单独学习关系概念都没有诱发显著熟悉性效应。以上研究表明，对于基本主题关系这类语义关系而言，用言语编码表达的关系信息——关系概念的学习并不是诱发熟悉性效应的关键因素。

表8－2　实验基本设计

学习材料	测试线索	被试任务
关系：捕食	老虎－羚羊	1. 回忆关系概念 2. 熟悉性评分

以上研究显示，仅仅学习关系概念，在以词对或实物形象对为线索时——其中包含客体之间的所有关系信息——无法诱发熟悉性效应。这表明，熟悉性效应很可能与关系概念无关。

（二）测试阶段：关系概念线索诱发显著熟悉性效应

Kostic 等（2010）的第二个实验发现，如果学习词对材料，用关系概念作为线索，就能诱发熟悉性效应。这表明，词对材料的学习中包含了关系概念信息的加工。赵广平（2015）运用中文材料和更加严格的实验组－对照组设计，检验了在熟悉性效应中关系概念作为测试线索的作用。就语义关系的熟悉性研究而言，中英文材料的词法差异和文化差异可能影响客体间关系的再认。

首先，单字词与双字词之间存在区别。英文单词的概念信息与听知觉特征联结紧密，而与视知觉特征相分离。被试在加工英文单词时，更依赖于听觉码。而中文的双字词的语义却与视知觉特征联系更紧密，与听知觉特征相分离。被试在加工中文的双字词时，更依赖于视觉码。这可能影响熟悉性效应吗？毕竟有研究发现，人们的工作记忆编码方式具有听觉编码优先的特点。

其次，语法结构差异。被试使用关系概念进行结构化表述时，中英文存在语法结构的差异。英文更强调严格的语法结构，而中文语法结构则相对松散，以会意为主。比如，表述项目"A"与项目"B"的从属关系时，中文习惯是"A与B是部分与整体的关系"，而英文习惯则是"A is part of B"。前者更强调部分与整体的二元依存关系，而后者则更强调关系的单一独立面，这是中西文化差异在语言方面的体现（左飚，2001）。

最后，被试的认知方式差异。中西被试的认知方式差异可能影响客体间关系的再认。中文被试可能更注重关系学习，倾向于整体性认知；英文被试则注重概念学习，倾向于分析性认知（Niscbett, Peng, Choi, & Norenzayan, 2001）。认知方式的差异是否影响客体间整体性信息的提取呢？这就需要中文被试的资料，因而中西不同被试的研究可以提供客体间关系再认的跨文化比较的参考资料和证据。

实验一　词对材料

在学习阶段，被试仅仅学习词对材料时，对这种材料的编码加工包含了词语概念、关系概念和概念间结构等信息。在测试阶段，关系概念线索组给被试提供了学习阶段编码中的关系概念信息，当被试进行熟悉性判断时，关系概念线索可能直接激活学习编码阶段加工过的关系概念信息；而词对线索组则以另一词对为线索，由于词语概念信息已通过实验材料的选择受到控制，所以词对线索主要直接激活学习阶段编码过的关系概念和类比结构信息。由上可知，两种测试线索都可能直接激活关系概念信息，而只有词对线索可能直接激活概念间结构信息。据此，实验假设：如果概念间结构信息单独起作用，那么词对线索组效应要显著高于关系概念线索组。

1. 方法

被试。选取某高校未参加过类似实验的大学生被试 69 名（男 27 名），随机分配到关系概念线索组 34 名（男 12 名）和词对线索组 35 名（男 15 名）。被试年龄范围为 18～20 岁，平均年龄为 19.01 岁，标准差为 0.55 岁。参与实验的被试视力或矫正视力正常。实验后给予课程学分，并反馈实验结果。

设计。实验采用 2×2 混合设计（见表 8 - 3）。被试内变量为线索词对的关系在学习阶段是否学过，包括学过和未学过两个水平；被试间变量是测试线索类型，包括关系概念线索和词对线索两种类型。因变量为被试无回想情况下的熟悉性评分。

表 8 - 3　实验基本设计

实验条件	学习材料	测试线索	被试任务
关系概念线索组	土蛇 - 田鼠	关系：捕食	1. 回忆学过的信息
词对线索组		老虎 - 羚羊	2. 熟悉性评分

材料。词对材料是翻译 Kostic 等（2010）的英文词对材料。由于中英文表达差异，调整部分词对，最终形成 480 个高频双字词组成的 240 个具有约定俗成的语义关系的词对，再根据约定俗成的现实情景类关系把两两词对匹配成四词类比对，如"老虎 - 羚羊∷土蛇 - 田鼠"等。另外，材料方面还控制了两类干扰变量：一是语词的特征；二是关系的特征。分别简述如下。

（1）语词的特征

字数。把语词材料控制为汉语的双字词。对中文语境中的单字词或三字词等做了适当调整。比如把单字词"蛇"调整为双字词"土蛇"，而把三字词"自行车"调整为双字词"单车"等。在变换过程中，尽量保持词语的高频特点和通俗性。

词频。以《现代汉语词典》（第 5 版）（中国社会科学院语言研究所词典编辑室编，2005）作为双字词词频参考。尽量使用高频词，除非类比关系本身有特殊要求。比如，表达古今时间次序的关系"俸禄 - 工资∷客栈 - 酒店"，其类比关系为"古今两种不同的表达方式"，其中"俸禄"

和"客栈"就必须使用古代表达方式，而不考虑其词频。

重复字和同类别范畴。通过实验者本人以及其他心理学专家的主观判断，确定中文词对翻译的恰当性，控制词对间的重复字和同类别范畴等特征。第一，控制语词之间和词对之间出现重复字，比如"牛奶－奶牛∷蜜蜂－蜂蜜"中都有重复字，被调整为"乳汁－奶牛∷蜜浆－工蜂"。这种修改虽然在一定程度上损害了词频，但被试很容易理解。第二，尽量控制词对之间的同类别范畴信息。如尽量不使用"老虎－羚羊"与"狮子－斑马"作为类比词对，因为在对这两个词对进行类比时，"老虎"与"狮子"、"羚羊"与"斑马"同属哺乳动物类别，容易发生范畴概念的重叠。被试在进行熟悉性判断时，有可能利用范畴重叠信息。

本土化。把英文词语改为中文词语，可能出现语境或文化差异的问题。比如词对"three-crowd∷Life-bitch"及其类比关系"_ is a_！"，其类比关系是"three is a crowd！"和"Life is a bitch！"。这两句俗语之间的句子结构是类似的，中文大意是"三人成群"和"人生是狗娘养的"。显然，翻译过来的两句中文表达并不具有结构上的类比关系，而且中文被试很难理解这一俗语。如果把原类比词对改为"时间－金钱∷坚持－胜利"，这两个词对就具有了句法结构上的类比关系，而且很好理解。再比如"电报－传真"这一词对，对美国大众而言，是先后出现的通信技术，而对中国被试来说，二者出现的时间差距不大，其表达的类比关系"新旧技术"并不明显，当把这一词对改为"书信－传真"时，被试就很好理解了。

（2）词对关系的特征

关系的类型。被试对关系类型的熟识度差异可能干扰实验结果，所以使用的词对都是日常生活中常见的基本关系类型，如"船长－客轮∷司机－汽车""土蛇－田鼠∷狮子－羚羊"等关系。

关系的约定俗成性。使用的类比关系都是被试非常熟悉的具有很大约定俗成性的情境性关系。与人为匹配的陌生关系相比，被试对具有约定俗成关系的词对的整合性更高，因此被试对该类词对进行整合时的主观性较少，这在一定程度上控制了被试的主观整合能力差异对熟悉性效应的影响。

关系的突出性。通过问卷调查法确定词对关系的突出性。即运用方便抽样的方法抽取某高校大学生被试 200 名（男 85 名），要求其根据实验者提供的词对，在问卷上写出首先想到的词对间关系。有效问卷回收率 100%，如果 97% 及以上的被试把某一词对关系排序为第 1 名，正式实验就采用这一关系，以确保词对间关系的突出性。客观而言，现实事物之间存在很多关系。但在被试的主观经验中，只有一种关系是最突出的。比如，"熊猫"与"竹叶"之间客观上存在"熊猫吃竹叶""都是生物""都生长在陆地"等关系，但对被试而言，这两个概念之间最突出的关系是"吃"。确保某一词对关系的突出性，有利于控制被试对这一词对进行加工和反应的一致性。

关系的对应性。学习词对与线索词对之间具有一一对应关系，而不是一对多或多对一的关系。如被试学习的词对是"土蛇 – 田鼠"，那么要确保测试词对中只有唯一的词对"老虎 – 羚羊"与其对应，而其他线索词对的关系与其不类似，这控制了被试在回想或熟悉性评分时的无关干扰。运用招募的方式抽取被试 160 名（男 68 名），在电脑上以 3 秒的速度呈现词对刺激。其中，1 个学习词对为题项，4 个测试词对为答项。在 4 个测试词对中，只有 1 个词对与学习词对具有语义上的类比关系。要求被试从 4 个选项中挑选学习词对的类比词对，即要求被试对学习词对和测试词对进行 1∶4 的偏序比较。最后根据被试的反应时间和准确选择率，检验被试能否根据学习词对，在四个选项中又快又准地选择测试词对。最终结果处理采用两种标准：一是修改或剔除反应时超过 3 个标准差的词对；二是修改或剔除准确率低于 97% 的词对。

关系的区分性。为了避免被试对词对关系的重复学习，确保每一关系的学习公平性，控制所有学习词对之间的关系尽可能不同，测试线索词对也是如此。也就是说，在同一组内，词对与其他词对之间的关系类似性要尽可能低，互相独立。比如"土蛇 – 田鼠"和"鲤鱼 – 池塘"都是学习阶段的词对，两个词对的关系需要保证较大的区分。运用招募的方式抽取160 名被试（与上文关系的突出性部分的预实验运用同一批被试），在电脑上完成同组词对的两两配对比较。即在学习词对（或测试词对）中随机抽取两个词对，以 3 秒/词对的速度呈现在电脑屏幕上，要求被试判断屏幕上的两个词对是否具有语义关系方面的类比特点，最终结果运用词对之间关系判断的混淆次数矩阵的形式来呈现。笔者对两两词对间的混淆次数矩阵进行了两种处理：一是修改或剔除混淆频次超过 5% 的词对；二是对混淆矩阵进行多维尺度分析（Mugavin，2008；Gilmore，Hersh，Caramazza，& Griffin，1979），以确保同组内词对间关系的相对区分。

程序。使用 E - prime 2.0 软件编制实验程序，与 Kostic 等（2010）的核心实验程序相同（见图 8 - 1）。被试在实验室电脑上完成 4 个组块的学习 - 测试阶段，并运用抵消平衡设计保证词对在学习和测试阶段出现的频率相等。

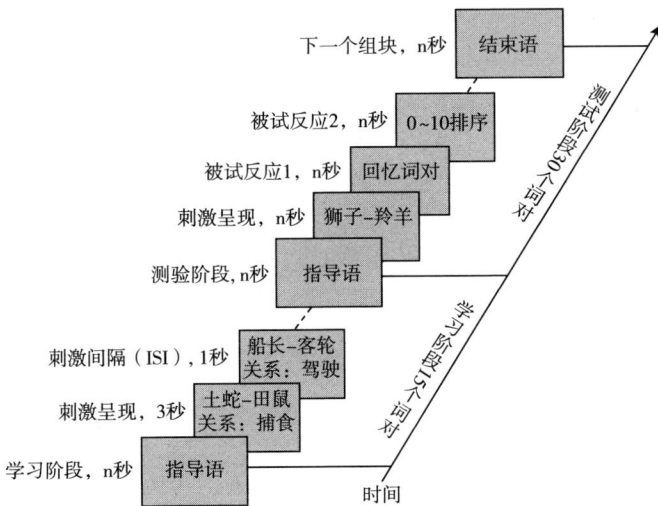

图 8 - 1 RWCR 范式的流程

学习阶段。首先是指导语。要求被试注意两个词语之间的语义关系，在随后的测试阶段要根据新的词对回忆学过的词对或关系概念等。接着是练习阶段和正式实验。练习阶段可循环操作，直到所有被试认为自己可以进行正式实验为止。练习阶段和正式实验的刺激材料都采用 12 号微软雅黑字体。因为测试阶段的任务对话框始终呈现在屏幕中央，为了避免任务对话框与刺激材料之间相互重叠，正式刺激材料的呈现位置为屏幕的左上角。在学习阶段，依次呈现 15 个词对及其关系概念，15 个词对是从 30 个词对库中完全随机抽取的，呈现时间为 3 秒，刺激间隔（ISI）为 1 秒。

测试阶段（以词对线索为例）。紧随学习阶段之后，完全随机地呈现
30 个新的词对作为被试回忆的线索，其中一半与学习阶段学过的词对关系
类似，另一半不类似。① 首先要求被试根据每一个线索词对，努力地回想
学习阶段学过的关系类似的词对（词对/关系概念回想组还需要回忆学过
的关系概念），并通过键盘把回想起的任何信息输入屏幕上的对话框中，
被试可以选择自己熟悉的输入法，或者也可以输入拼音或汉字。如果任何
内容都回忆不起来，可以按压"Enter"键跳转到熟悉性判断界面。接着，
要求被试在熟悉性判断界面上完成从 0（肯定没学过）至 10（肯定学过）
的熟悉性评分或自信心评分。熟悉性评分界面只有在任务完成后才能跳转
到下一个界面，进入另一个线索词对的测试，直到所有测试完成。

2. 结果

剔除 1 名违规操作的被试，共回收 68 名被试的有效数据，回收率为
99%。其中，关系概念线索组 33 名，词对线索组 35 名。

（1）回忆情况

表 8 – 4 显示，所有被试对于学过的旧项目都有中等程度的回忆率和遗
忘率，对未学过的新项目都有适当的拒斥和虚报。回忆率的 2（学过、未
学过）×2（有回想、无回想）的 χ^2 独立性检验显示，"是否学过"对
"有无回想"有显著影响［关系概念线索组：$\chi^2(1) = 314.78$，$df = 1$，$p <
0.001$；词对线索组：$\chi^2(1) = 224.01$，$df = 1$，$p < 0.001$］。这表明，学
习过程显著影响了回忆成绩，被试对学过的项目有一定的学习效果，也表
明学习阶段的操作是恰当的。

表 8 – 4　项目的回忆情况（是否学过 × 有无回想）

	关系概念线索组		词对线索组	
	有回想	无回想	有回想	无回想
学过	0.48	0.52	0.44	0.56
未学过	0.22	0.78	0.22	0.78

---

① 对被试而言，所有线索项目中，一半是学过的，一半是未学过的。为了表述上的简练，
　下文把"学过"的项目称为"旧"项目，而把"未学过"的项目称为"新"项目。

另外，熟悉性评分的 4（组块 1~4）×2（是/否学习）的跨组块重复测量方差分析结果显示，组块因素的主效应不显著，表明被试对先前组块的加工并没有显著影响后面组块，期望效应、练习效应和疲劳效应等不显著。

（2）熟悉性效应分析

图 8-2 显示了被试对新旧项目无回想情况下的平均熟悉性评分。两因素的交互效应显著 [F（1，66）= 13.62，$MSe = 1.94$，$p < 0.001$，$\eta_p^2 = 0.17$]，且词对线索组的熟悉性效应显著高于关系概念线索组 [t（66）= 3.69，$SE = 0.14$，$p < 0.001$]。这表明，词对线索比关系概念线索含有更多的有用信息，引发更强的熟悉性效应。

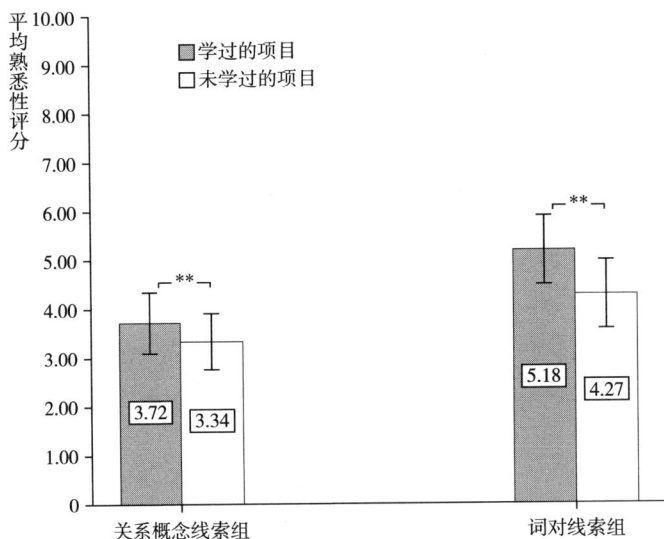

图 8-2　无回想情况下的平均熟悉性评分

注："＊＊"表示 $p < 0.01$，"＊"表示 $p < 0.05$，图上的误差条为 95% 的置信区间，下文同。

熟悉性评分的 2（学过、未学过）×2（关系概念线索、词对线索）混合效应分析结果显示，两因素的主效应显著。其中，"是否学过"因素的主效应显著 [F（1，66）= 83.36，$MSe = 14.24$，$p < 0.001$，$\eta_p^2 = 0.56$]，这表明，即使被试回忆不起任何信息，两组被试对所有学过的旧项目比未学过的新项目都给予更高的熟悉性评分，学习效果显著。该结果与被试的项目回忆率检验结果一致。另外，组别主效应显著 [F（1，66）=

7.09，$MSe = 48.98$，$p < 0.001$，$\eta_p^2 = 0.10$］，且词对线索组被试对所有新旧项目的平均熟悉性评分显著高于关系概念线索组。这表明，词对线索比关系概念线索含有更多的有用信息，提高了被试的熟悉性判断信心。

简单效应分析结果显示，两组实验都发生显著的熟悉性效应［关系概念线索组：$t(32) = 3.70$，$SE = 0.10$，$p < 0.001$，Cohen's $d = 0.64$；词对线索组：$t(34) = 9.42$，$SE = 0.10$，$p < 0.001$，Cohen's $d = 1.59$］。这表明，测试阶段提供的关系概念线索和词对线索都能激活学习阶段加工过的有用信息，从而引发熟悉性效应。

3. **讨论**

结果显示，词对线索比关系概念线索含有更多的相似性信息，引发更大的熟悉性效应，而且，测试阶段的两种线索都能激活学习编码过的有用信息，各自引发显著的熟悉性效应。那么，这两种线索到底激活了学习阶段编码过的哪些具体信息呢？

首先是关系概念信息。根据以往研究，实验提供给被试的关系概念线索虽然并不一定与被试在学习阶段主观整合词对时所用的关系概念完全相同，但两者可能是意义相似的。所以，关系概念线索有可能激活学习过的类似关系概念信息，从而引发熟悉性效应（Cleary，2004；Cleary & Reyes，2009）。另外，熟悉性效应也可能是由间接激活的类别范畴概念信息和类比结构信息引起的。因为实验一的测试阶段并不限制被试的反应时间，被试有充足的时间根据关系概念线索，回忆或激活自己日常熟知的其他词对，并依靠回忆起的词对与学过的词对进行范畴概念匹配或概念间结构信息匹配，从而引发实验效应。所以，关系概念线索组的熟悉性效应虽然有可能与关系概念信息的激活有关，但并不单纯是由关系概念信息引起的，也可能与类别范畴信息和结构信息的整体映射有关。

其次是概念间结构信息。词对线索有可能直接激活学习过的概念间结构信息和类别范畴概念信息，也可能间接激活关系概念信息。原因有三。一是被试可能利用线索词对与学习词对之间的概念间结构信息。因为被试加工具体形象的词对时，可能首先激活记忆中的结构性语义知识（Tulving，1982）。二是被试也可能利用词对间的类别范畴概念信息进行熟悉性判断。比如当被试学习"老虎－羚羊"而测试"土蛇－田鼠"时，虽然"老虎"

和"土蛇"并不都属于"哺乳动物",但同属"动物"类别,被试可能根据这一范畴信息做出熟悉性判断。并且可以肯定的是,这一信息引发的实验效应相对较小,毕竟"动物"这一范畴概念比"哺乳动物"的概念层次更高,其激活强度可能更弱(Collins & Quillian, 1970)。三是被试可能从线索词对中主观整合出关系概念,从而利用关系概念信息做出熟悉性判断。

根据以上分析,关系概念线索和词对线索都有可能直接或间接地激活学习过的所有类型的信息。然而令人不解的是:为什么词对线索组的效应又显著高于关系概念线索组呢?这可能是因为直接激活的概念间结构信息对熟悉性效应有更大的影响。其中,关系概念线索组以关系概念信息的直接激活为主,其他信息为辅;词对线索组以概念间结构信息的直接激活为主,其他信息为辅。如果熟悉性效应主要表现为关系概念信息的整体匹配,那么关系概念线索组具有直接激活关系概念信息的功能,应该引发更高的熟悉性效应,但结果并非如此。如果熟悉性效应主要与概念间结构信息有关,那么实验一的结果就容易解释了:词对线索组的概念间结构信息是由词对材料直接诱发的,而关系概念线索组的概念间结构信息由关系概念材料间接诱发,因而前者比后者引发更高的熟悉性效应。

综上所述,实验结果提供了一种可能性推断,即与关系概念信息相比,概念间结构信息可能在熟悉性效应中起着更重要的作用。但是,该实验并不能确定概念间结构信息是否独立起作用,因此有必要在进一步控制范畴概念信息的条件下,直接检验关系概念信息和概念间结构信息的学习编码对熟悉性效应的独立影响。

实验二　实物图对材料

当学习材料由词对调整为相应的实物图对时,被试在学习阶段,表象编码的加工成分增加,而概念编码的加工成分随之减少(Rowe & Paivio, 1971)。在这种情况下,被试对两个项目的关系整合,可能不主要依赖于语词概念和关系概念(如"土蛇捕食老鼠")信息的编码,而主要依赖于表象间关系结构的信息编码。如果表象间结构信息参与了熟悉性加工过程,那么假设:让被试在学习阶段学习实物图对,而在测试阶段给被试提供图对或关系概念作为线索，两种线索都能引发显著的熟悉性效应，且图对线索组的熟悉性效应要显著高于关系概念线索组，而且，被试对所有项目的平均熟悉性评分会降低（与词对材料相比）。因为被试的平均熟悉性评分信心更多与概念信息的有意识回想有关，即当被试能够回想起全部或部分学过的概念信息时，其熟悉性评分信心往往会增强。

1. 方法

被试。选取某高校未参加过类似实验的大学生被试 58 名（男 14 名），随机分配到关系概念线索组 21 名（男 6 名）和词对线索组 37 名（男 8 名），被试的年龄范围为 18～21 岁，平均年龄为 19.00 岁，标准差为 0.52 岁。参与实验的被试视力或矫正视力正常。实验后给予课程学分，并反馈实验结果。

设计。与实验一的设计基本相同。不同的是：把实验一中的词对材料调整为实物图对材料（见表 8-5）。

表 8-5　实验基本设计

实验条件	学习阶段	测试线索	被试任务
关系概念线索组		关系：捕食	1. 回想
图对线索组			2. 熟悉性评分

材料。根据实验一的材料，采用 Adobe Photoshop 图像处理软件制作相应的图对材料。由于有的词对材料很难转换成相应的实物图对材料，比如"坚持－胜利"等就很难用图画形式表达，正式实验仅仅筛选出实验一的一半材料，即 120 对实物图对，两两匹配成 60 个四图类比材料。图片像素为 250 * 250PPI，图片背景为白色，两图间距为 2 个字符。

程序。基本核心程序与实验一相同。只是由于实验材料的数量限制，实验组块调整为 2 个。

2. 结果

共回收 58 名被试的有效数据，回收率为 100%。其中，关系概念线索组 21 名，图对线索组 37 名。

（1）回忆情况

表 8 - 6 显示，所有组被试的回忆比率都在中等水平，没有出现低于 5% 或高于 95% 的极端数据。被试对于学过的项目都有适当的回忆和遗忘；对未学过的项目都有适当的拒斥和虚报。这表明被试的信号检测反应比较符合熟悉性连续分布的假定，保证了无回想数据（即漏报和正确拒斥）分析的有效性。两组被试回忆率的 2（学过、未学过）×2（有回想、无回想）χ^2 独立性检验发现，"是否学过"对"有无回想"有显著影响 $[\chi^2 (1) = 235.16/264.38, df = 1, p < 0.001]$。这表明，每组被试的学习过程显著影响了其回忆情况，学习阶段的操作有一定的效果。

表 8 - 6　被试的回忆率（是否学过 × 有无回想）

	关系概念线索组		图对线索组	
	有回想	无回想	有回想	无回想
学过	0.70	0.30	0.60	0.40
未学过	0.27	0.73	0.26	0.74

（2）熟悉性效应分析

图 8 - 3 显示了无回想情况下被试对学过和未学过图对的平均熟悉性评分。"是否学过"与组别的 2×2 混合效应的检验结果显示，"是否学过"与组别的交互效应在 0.05 水平上显著 $[F (1, 56) = 5.50, MSe = 4.57, p < 0.05]$，而且图对线索组的熟悉性效应显著高于关系概念线索组 $[t (56) = 2.35, SE = 0.35, p < 0.05]$。结果与实验——致。

"是否学过"因素的主效应显著 $[F (1, 56) = 31.03, MSe = 25.72, p < 0.001, \eta_p^2 = 0.36]$。这表明，学习效果显著。另外，组别主效应显著 $[F (1, 56) = 24.92, MSe = 111.66, p < 0.001, \eta_p^2 = 0.31]$，而且图对线索组显著高于关系概念线索组。这表明，图对线索给被试提供了更多有用信息，提高了被试的熟悉性评分信心。这一结果与实验一结果一致。

简单效应分析结果显示，关系概念线索组与图对线索组的熟悉性效应都显著 $[t (20) = 2.41, SE = 0.24, p < 0.05, Cohen's\ d = 0.53; t (36) = 6.09, SE = 0.23, p < 0.001, Cohen's\ d = 0.69]$。这表明，在学习阶段，

关系概念线索和图对线索都激活了学习阶段加工过的有用信息，从而做出有效的熟悉性判断。

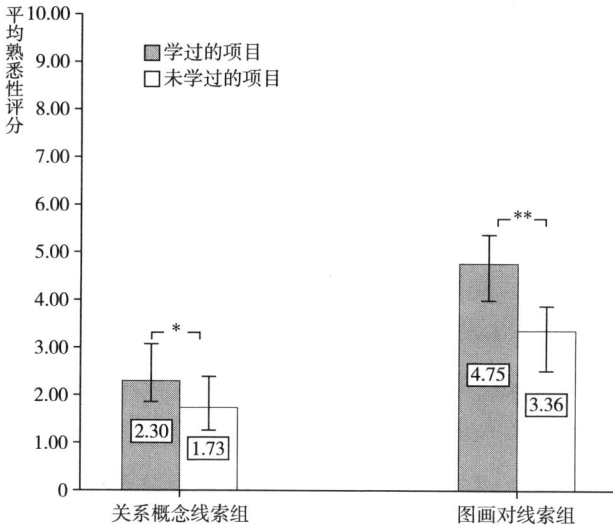

图 8 - 3 无回想情况下两组被试对学过和未学过材料的平均熟悉性评分

3. 讨论

实验结果显示，以实物图对作为实验材料，仍然得出与实验一一致的结果。这表明，表象间结构信息参与了 RWCR 过程，RWCR 的结构驱动特点并不受实验材料概念化程度的影响。在这种情况下，结合实验一分析实验的结果，可能让我们对 RWCR 的加工过程有更深的认识。

表 8 - 7 显示了在实验一和实验二中，被试对学过项目和未学过项目的平均熟悉性评分。由于实验材料数量和实验组块不同，本书无法对两个实验的对应熟悉性评分进行直接的假设检验，下面只做粗略比较。

首先是平均熟悉性评分。从表 8 - 7 可知，无论项目是否学过，图对实验被试的熟悉性评分都普遍低于词对实验。从两个实验的操作来看，图对实验只有两个组块，而词对实验有四个组块。因而前者的学习和记忆量相对较少，其熟悉性评分应该较高，但实际情况相反。这表明，当被试学习图画材料时，无论是关系概念线索，还是图对材料线索，概念加工成分都较低。因为被试的熟悉性评分信心更依赖于对概念的有意识回想过程，即回想信息的多少更多与言语概念的学习编码过程有关。

表 8 - 7　词对实验与图对实验的平均熟悉性评分

	关系概念线索组	概念对线索组
词对实验	3.72 - 3.34	5.18 - 4.27
图对实验	2.30 - 1.73	4.75 - 3.36

注：表中"3.72"表示被试对学过项目的熟悉性评分，"3.34"表示被试对未学过项目的熟悉性评分。同行表格数据的意义类同。

其次是词对实验组与图对实验组的熟悉性效应（见表 8 - 8）。令人不解的是，虽然图对实验的平均熟悉性评分低于词对实验，但图对实验的熟悉性效应却高于词对实验。即在实验二中被试的平均熟悉性评分信息普遍下降的情况下，却能更大程度地区分新旧项目。如果根据双编码加工理论的观点，该结果是发生图画优势效应的原因，那么被试对单个的图对材料也应该有更强的记忆效果，平均熟悉性评分也应该有方向一致的变化。但事实恰恰相反。所以该结果可能表明，图对材料诱发的表象间结构信息，较之词对材料诱发的概念间结构信息，更能引发熟悉性效应。其原因可能有二：一是现实客体表象间的联结关系网络要比概念间的联结关系网络复杂得多，从而导致较大的激活强度；二是 Piaget 的结构层次观点和进化心理学的观点认为，人们对现实客体间关系的信息是首先通过形象的实物活动获得，然后进一步概念化的，因此，结构信息的学习和提取可能更依赖于形象的实物图对材料。

表 8 - 8　词对实验与图对实验的熟悉性效应比较

	关系概念线索组	概念对线索组
词对实验	0.38	0.91
图对实验	0.57	1.39

注：表中"0.38"表示表 8 - 7 中 3.72 与 3.34 的差值，即熟悉性效应值。同行表格数据的意义类同。

最后是关系概念组的熟悉性效应。在实验二中，被试在学习阶段对图对的整合主要以表象加工为主，而测试阶段提供的关系概念线索则以语词概念为主。相对而言，关系概念线索对词对实验中的学习材料应该更敏感，但为什么图对实验中的关系概念线索组的熟悉性效应却高于词对实验呢？这是否表明，相对于高阶的概念间结构信息，关系概念与表象间结构信息的联结更加复杂或更易激活呢？也就是说，当被试看到某一个关系概念时，其头脑中可能更多激活或最先激活与关系概念对应的表象信息，而不是与其相关的项目概念信息，毕竟关系概念最初的习得建立在低层次的表象间关系信息的基础上（Piaget，Montangero，& Billeter，1977）。这一问题需要进一步探讨。

以上实验结果显示，概念间的基本主题关系能够诱发熟悉性效应，但关系概念的学习对概念间关系的熟悉性效应没有显著影响。也就是说，在基本主题关系的各种关系信息中，对熟悉感起关键作用的可能不是关系概念信息。该研究并没有说明诱发熟悉性效应的信息是什么。

（三）回想任务：关系概念的回想对熟悉性效应的影响

Kostic 等（2010）的第三个实验并没有采用实验组和对照组设计，而采用了单组设计（见表 8 - 9）。学习阶段要求被试学习概念对和关系概念，测试阶段使用关系类似的概念对作为再认线索。与实验一不同的是，在测试阶段要求被试先进行熟悉感评定，再努力回想学习阶段学过的信息，目的是排除回想任务对熟悉性评分任务的影响，结果仍然探测到熟悉性效应。这表明，回想任务在熟悉性评定任务之前时，并没有影响熟悉性效应。

表 8 - 9　学习和测试阶段类比词对举例

Condition	Study	Test Cue
Expriment 3	robin - nest	beaver - dam
	Relationship：Builds and lives in	
	bear - fur	whale - blubber
	Relationship：Keeps warm	

资料来源：Kostic, Cleary, Severin, & Miller, 2010：406。

实验三　回想

赵广平（2015）仍使用前文所述的材料和基本核心程序，考察了关系概念的回想对熟悉性的影响。因为在以往的熟悉性研究中，大多数实验只要求被试在任务阶段判断线索概念对是否学过，并没有控制被试对关系概念的回想。该类研究探讨的项目间关系大部分是暂时联结的时空关系，被试对这些概念对很难整合在一起。这忽略了关系概念的回想对熟悉性评分的影响，存在熟悉性效应的污染问题。而有的研究虽然提出了关系概念的回想对熟悉性评分存在影响，却没有严格检验其影响程度（Kostic et al.，2010）。因此，该实验的目的是直接检验关系概念的回想对熟悉性评分的影响，以便在之后的实验中更准确地测量熟悉性效应。

有研究发现，被试学习一些词对材料后，仅仅提供词语的表面特征线索而不提供词语间的关系概念线索时，很难在测试词对中探测到类比关系（Gick & Holyoak，1980；Spellman et al.，2001），"即使某些结构性恰当的材料储存在长时记忆中，人们也经常不能提取到"（Gentner，Ratterman，& Forbus，1993）。但另一些研究则发现，人们学习某个问题后，能够产生一些与问题的表面特征很不相同的类似问题。这表明，被试有可能对问题各要素之间的类比结构进行提取或运用（Blanchette & Dunbar，2000）。鉴于此，实验的学习阶段设置了概念对材料，如"土蛇-田鼠"，及其关系概念，如"捕食"，确保被试有意识地学习词对的表面特征和关系概念等全部信息。然后，在测试阶段仅仅呈现类比词对作为测试线索，而不呈现对应的关系概念，如"老虎-羚羊"。这种设计能够确保学习阶段内容的全面性和测试阶段线索的较弱特点，也与现实情境下的学习和再认情况比较相似。因此，该实验运用中文表达的双字词材料，通过直接比较词对回想和词对/关系概念回想两种任务条件下的实验效应，检验关系概念的回想对熟悉性效应的影响。下面进行详细介绍。

1. 方法

被试。选取 90 名未参加过类似实验的大学生被试（来自中文、教育、教育技术、心理和物理等多个专业，下同），随机分配到词对回想组 56 名（男 19 名）和词对/关系概念回想组 34 名（男 12 名）。被试年龄范围为19～21 岁，平均年龄为 19.46 岁，标准差为 0.53 岁。被试的视力或矫正视力正常。实验后给予课程学分，并反馈实验结果。

设计。采用 2×2 混合设计（见表 8-10）。第一，被试内变量是"是否学过"，即被试在学习阶段是否学过线索词对所表示的类似关系，分为

"学过"和"未学过"两个水平；第二，被试间变量是"实验任务"，分为词对回想和词对/关系概念回想两个水平；第三，因变量是无回想情况下的熟悉性评分。

表 8 - 10　实验基本设计

实验条件	学习材料	测试线索	被试任务 1	被试任务 2
词对回想组	土蛇 - 田鼠 关系：捕食	老虎 - 羚羊	回忆词对	熟悉性评分（0 - 肯定没学过；10 - 肯定学过）
词对/关系概念回想组			回忆词对和关系概念	

在两种实验条件下，被试都学习词对及其关系概念，在测试阶段都以词对为线索。被试的任务是根据提供的线索回忆并输出学习阶段学过的有关内容，再对"是否学过"进行 0 ~ 10 的熟悉性评分。其中，词对回想组仅仅要求被试回忆学过的词对内容，而词对/关系概念回想组要求被试回忆学过的全部内容——词对和其关系概念。如果词对回想组的熟悉性效应比词对/关系概念回想组显著较高，那么说明关系概念的回想影响熟悉性效应。在接下来的实验中，就必须排除关系概念的回想，以更准确地评估熟悉性效应。

实验材料和程序与前面实验所述基本相同。不同之处是：学习阶段给被试呈现词对和关系概念，而测试阶段呈现词对线索；实验任务分为两种，一种是要求被试仅仅回忆词对，另一种是要求被试回忆词对和关系概念信息；两种任务中都要求被试进行熟悉性评分。

2. 结果

共删除无效被试 6 名，回收 84 名被试的有效数据，回收率为 93%。其中，词对回想组 51 名，词对/关系概念回想组 33 名。

（1）回忆情况

根据被试对回想内容"是否回想"和"是否正确"两个标准，可以把被试的回忆情况分为四类：如果被试正确回忆了学过的全部内容，为"全部回想"；如果被试仅仅回忆起一个词语或者给出语义相近的词，为"部分回想"；如果被试回忆起的内容是错误的，为"错误回想"；如果被试无法回忆起任何有关信息，为"无回想"。由于当被试回忆起某些信息时，无论正确与否，在随后熟悉性评分中都倾向打出高分数，所以我们把"全部回想"、"部分回想"和"错误回想"的数据都归为"有回想"情况，排除在最终数据分析之外，只分析"无回想"情况。

在"无回想"的情况中，再根据"是否学过"把数据分为两类。第一类是"学过而无回想"的情况，即漏报率。如果漏报率过高，说明被试对大部分学过的项目都无法回想起来，被试的学习效果太差可能造成信号与噪音的混淆问题，不符合连续性信号检测的需要；如果漏报率过低，说明被试对大部分学过的项目都能回想起来，这将造成熟悉性效应分析中的效应变异量太小或全距限制问题。漏报率过高或过低都与实验材料和实验设计的有效性有关，不利于最终数据的结果分析。第二类是"未学过无回想"的情况，即正确拒斥。如果正确拒斥的比率过高，说明被试可以完全排除干扰，噪音对信号基本没有起到干扰作用；如果正确拒斥的比率过低，说明被试把大部分噪音再认为信号，无法区分噪音与信号。正确拒斥的比率过高或过低也都与实验材料和实验设计的有效性有关，会影响数据及数据分析的有效性。总之，以上两种"无回想"情况的数据分布直接关系到实验设计和最终数据的有效性。因此，在进行数据处理时，有必要对其比率分布进行检验。

对被试回忆情况的检验必须遵从数据的结构特点。据上文可知，被试的回忆情况主要由2（是否学过）×2（有无回想）两个因素的比率四格表组成。检验该类比率数据的分布可采用2（学过、未学过）×2（有回想、无回想）的 χ^2 独立性检验。主要检验被试的学习情况与被试的回想情况是否相互独立。如果检验的结果不显著，那么两个因素的关系是互相独立，这说明被试的学习过程不影响其回想成绩。这并不是我们想要的结果，因为这可能意味着学习阶段的实验操作无效。

由表8-11可知，被试的击中率和漏报率都比较符合信号检测的要求。以词对回想组为例，被试经过四个实验组块共学过60个项目，有64%的回想率，36%的遗忘率。对于另一半未学过的60个项目，被试虚报了42%，正确拒斥了58%。从表8-11可知，在击中、漏报、虚报和正确拒斥等四个方面，两组被试的信号检测反应没有出现低于5%的有偏小样本的情况，各比率的分布较均衡，这保证了随后对无回想数据（即漏报和正确拒斥）分析的有效性。

表 8 – 11 项目的回忆情况（有无学过 × 有无回想）

	词对回想组		词对/关系概念回想组	
	有回想	无回想	有回想	无回想
学过	0.64	0.36	0.50	0.50
未学过	0.42	0.58	0.24	0.76

注：表中"0.64"和"0.36"分别表示被试对学过项目的"有回想率"和"无回想率"，即信号击中率和漏报率；"0.42"和"0.58"分别表示被试对未学过项目的"有回想率"和"无回想率"，即噪音情况下的虚报率和正确拒斥率。

对被试的回忆情况进行 2（学过、未学过）×2（有回想、无回想）χ^2独立性检验的结果显示，"是否学过"某概念对被试回忆有关信息存在显著影响 ［词对回想组：χ^2（1）＝496.97，$df = 1$，$p < 0.001$；词对/关系概念回想组：χ^2（1）＝189.11，$df = 1$，$p < 0.001$］。这说明，两组被试产生中等程度的学习效果，每个项目学习 3 秒钟的实验操作是恰当的。

另外，熟悉性评分的 4（组块：1 – 2 – 3 – 4）×2（学过、未学过）的跨组块重复测量方差分析显示，组块主效应不显著。这表明，被试学习过程中的期望效应、练习效应和疲劳效应不显著。

（2）熟悉性效应分析

为了探明哪些信息的加工影响熟悉性效应，必须对不同条件下的熟悉性效应进行比较。因为组别变量为被试间设计，而熟悉性效应的评估为被试内设计，所以本书采用 2（学过、未学过）×2（词对回想组、词对/关系概念回想组）混合设计的方差分析进行检验（Kostic et al.，2010）。

其中，"是否学过"与组别两个因素的交互效应检验表示实验组被试对学过与未学过的项目的熟悉性评分的差异与对照组是否存在显著差异。因为每组被试对学过与未学过项目的熟悉性评分之差就是单组的熟悉性效应，所以交互效应的检验就是比较两组熟悉性效应的差异是否显著。这种差异主要是由两组设置的条件不同引起的，直接涉及实验设计的核心目的。另外，"是否学过"的主效应表示两组被试对所有旧项目与新项目的平均熟悉性评分差异，能提供学习阶段实验操作是否合理的信息；组别主效应表示实验组被试对所有项目的平均熟悉性评分与对照组是否存在显著差异，与实验条件有关。

最后，简单效应分析提供单组熟悉性效应的检验。在"无回想"情况下，如果被试对旧项目的熟悉性评分显著高于新项目，那么说明被试可以根据熟悉性感觉对新旧项目进行"是否学过"的有效区分。因为"是否学过"为被试内因素，所以单组熟悉性效应的分析采用相关样本 t 检验。单组的熟悉性效应可以提供某一条件下熟悉性效应发生的可能性。

图 8-4 显示了无回想情况下平均熟悉性评分情况。熟悉性评分 2（学过、未学过）×2（只回想词对、回想词对和关系概念）的混合效应分析结果显示，两因素的交互效应显著 $[F (1, 82) = 6.42, MSe = 1.94, p < 0.05]$。且词对回想组的熟悉性效应[1]显著高于词对/关系概念回想组 $[t (82) = 2.53, SE = 0.17, p < 0.01]$。这表明，词对回想任务下的被试利用了回想起的关系概念信息，促进了熟悉性判断，从而污染了熟悉性效应。也就是说，词对回想组的熟悉性效应中混杂了关系概念的回想效应。

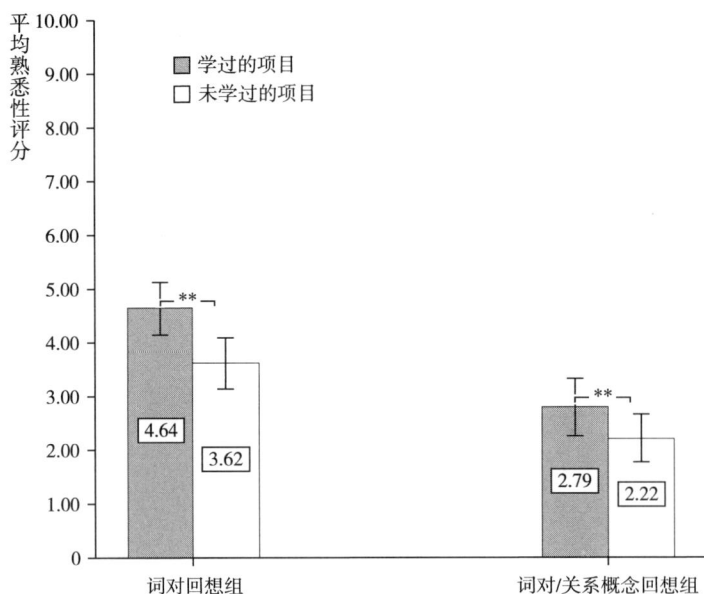

图 8-4 被试无回想情况下的平均熟悉性评分

---

① 以旧项目的平均熟悉性评分减去新项目作为熟悉性效应的量化指标，下文同。

两个因素的主效应显著［"是否学过"主效应：$F(1, 82) = 83.58$，$MSe = 25.24$，$p < 0.001$，$\eta_p^2 = 0.51$；组别主效应：$F(1, 82) = 22.22$，$MSe = 52.78$，$p < 0.001$，$\eta_p^2 = 0.21$］。"是否学过"主效应表明，被试有一定的学习效应，与四格表的独立性检验结果一致；组别主效应显示，词对/关系概念回想组的熟悉性评分显著低于词对回想组。这表明，当被试在既回想不起词对，又回想不起关系概念信息的情况下，熟悉性判断的自信心降低，熟悉性评分更加趋于保守。

简单效应分析结果表明，两组被试对旧项目的平均熟悉性评分都显著高于新项目［词对回想组：$t(50) = 9.28$，$SE = 0.11$，$p < 0.001$，Cohen's $d = 1.30$；词对/关系概念回想组：$t(32) = 5.61$，$SE = 0.13$，$p < 0.001$，Cohen's $d = 0.74$］。这表明，在两种条件下，被试都能根据熟悉性评分有效区分或再认新旧项目，即发生熟悉性效应。特别是词对/关系概念回想组，被试根据线索词对既想不起学过的词对，也想不起学过的关系概念时，仍然可以有效区分新旧项目。

3. **讨论**

实验利用回想和熟悉性两种提取方式，探讨了类比关系的探测问题。结果显示，词对/关系概念回想组的平均熟悉性评分和熟悉性效应要显著低于词对回想组。而且给被试呈现较弱的部分线索信息时，两种回想条件下都能发生显著的熟悉性效应。

首先，实验结果与以往类比迁移的研究相一致。即在回忆线索较弱的情况下，被试可以依靠某种特殊的方式提取到类似的关系信息。由于以往类比迁移的研究要求被试大多采用有意地回忆或回想等提取方式，并没有严格地分离熟悉性与回想两种不同特点的提取方式，被试在回忆线索较弱时无法探测到类比关系（Gick，Holyoak，1980；Spellman et al.，2001）。可见，类比迁移领域的有关分歧很可能与其研究中采用的信息提取方式不同有关。这表明，除了基于回想的再认提取方式之外，被试的类比关系再认还可能依靠基于熟悉性的提取方式。这两种提取方式的不同影响了被试的再认表现。当然，类比关系信息的探测还可能涉及另一种无意识的内隐提取方式，本书并不关注这种情况，不再赘述。

其次，实验结果表明，关系概念的回想显著影响了被试的熟悉性评分信心和对新旧词对的再认判断。在以后的实验中，我们必须控制关系概念的回想，才能准确地测量和评估熟悉性评分和熟悉性效应。

最后，被试在进行熟悉性判断时，对信息的提取是无意识的吗？有研究发现，类比词对间的相似性能够激发被试的直觉或熟悉感，被试虽然不知道熟悉感的来源，却能感受到熟悉感的增加（Cleary，2004）。而且，熟悉性效应与记得/知道范式中的"知道"反应是一致的，更多反映一种有意识的熟悉感（Ryals et al.，2011）。另外，也有研究表明，被试头脑中储存的结构性知识可以被分为有意识的结构性知识和无意识的结构性知识。被试对不同知识的提取遵循不同的规律，可以分为两种方式，即有意识提取和无意识提取。其中，对有意识结构性知识的再认主要依靠有意识的规则和回想过程，而对无意识结构性知识的再认则依靠有意识的熟悉性感觉、直觉和无意识的猜测过程（Mealor & Dienes，2013）。从这一角度看，由于引发熟悉性效应的信息很可能是一种难以表达的抽象知识，所以实验的熟悉性效应很可能与有意识的熟悉性感觉判断和无意识的猜测有关（Ryals & Cleary，2012）。从实验后的访谈资料看，大多数被试称有明显的熟悉感，少量被试坚称自己对极个别项目是随机评分，而且有的被试预估自己的成绩很差，但数据显示显著新旧词对区分效应。综合以往研究和本实验的后期访谈资料可知，实验的熟悉性判断主要依靠有意识的熟悉感，而非无意识的猜测。

综上所述，当我们学习关系词对或者实物图对之后，在最严格的熟悉性评定——先回想后熟悉性评定以及对单个项目、项目对和关系概念的任何信息都回忆不起来的条件下，无论以与学习阶段类似的项目对为线索，还是仅仅以关系概念为线索，都可以诱发熟悉性效应。这表明，被试在学习阶段对词对或实物图对材料的加工涉及最丰富的关系信息。但是，仅仅学习关系概念却不能诱发熟悉性效应。这表明，诱发熟悉性效应的关键信息不是关系概念。至此，我们排除了单个项目的信息、成对项目的关系概念信息对熟悉性效应的影响。那么，语词表达的关系概念这种高阶关系的背后是否真的如 Piaget 所言，还有相应的内隐关系结构信息，在熟悉性效应中起关键作用呢？

二 内隐结构与熟悉性

有研究发现，熟悉性效应涉及线索项目与学过项目之间相似性信息的整体匹配加工（Cleary，2004；Cleary & Reyes，2009；Cleary & Greene，2000；Cleary，Ryals，Nomi，2009；Ryals & Cleary，2012）。这种整体匹配加工涉及四种相似性信息。一是知觉信息。即线索项目与学习项目之间的知觉特征相似性，主要指知觉意义上的整体特征而非个别特征。二是概念信息。即线索项目与学习项目之间的范畴概念相似性，也被称为同类别范畴信息。三是关系概念。即线索词对与学习词对的关系概念相似性。四是结构信息。即词对间类比结构的相似性。对其中的类比词对而言，线索词对与学习词对之间不存在知觉特征方面的相似性，同类别范畴信息也已通过实验设计得到了一定程度的控制。因此，其熟悉性效应与知觉信息和概念信息的整体匹配关系不大，而主要与关系概念和结构信息的整体匹配有关。

因此，实验的设计主要围绕关系概念和结构信息这两种信息的加工展开，试图比较和分离关系概念信息和结构信息各自引发的熟悉性效应，主要目的是验证概念间结构信息在熟悉性效应中的关键作用。具体地说，当被试在学习阶段把词对"土蛇 - 老鼠"编码成"土蛇捕食老鼠"时，测试线索"老虎 - 羚羊"能否引发熟悉性效应？是哪些信息的加工引发了熟悉性效应？是关系概念信息，如"捕食"，还是结构信息，如"Z（X，Y）①"，意思是"X 对 Y 实施了 Z 行为"（Gentner，1983；Green，Fugelsang，& Dunbar，2006；Gentner & Smith，2012），抑或两者都起作用呢？这是本实验研究的主要问题。

实验四 词对线索

与关系概念信息相比，概念间结构信息可能对熟悉性效应的影响更

---

① 抽象结构知识的逻辑表达形式，见上文结构驱动部分的综述内容。

大。因此，实验四对学习阶段的关系概念和结构信息的编码加工进行直接分离和比较，以进一步确认概念间结构信息在熟悉性效应中是否单独起作用。实验四要求被试学习两种材料：关系概念材料和结构材料（见表8-12）。其中，关系概念学习组在学习阶段给被试仅仅提供关系概念材料，要求被试在学习时以关系概念的编码加工为主，控制结构信息的加工；结构学习组则呈现用关系概念表达的结构材料，要求被试在学习阶段以关系概念和概念间结构信息的加工为主。另外，由于词对材料能为被试提供无偏的全部关系信息，因此两组实验都以词对作为测试线索。由以上内容可知，两组实验变量设计的主要差别在于：结构学习组比关系概念学习组给被试多提供了概念间结构信息的编码加工。另外，由于关系概念信息与线索词对之间并不具有整体匹配的特点（熟悉性的整体匹配理论），当被试在有限的时间内仅仅学习关系概念材料时，可能无法引发熟悉性效应。由此实验四假设：如果概念间结构信息在熟悉性效应中起着唯一的作用，那么结构学习组与关系概念学习组的熟悉性效应之差要显著高于随机水平，即实验四的交互效应显著。

1. 方法

被试。选取某高校未参加过类似实验的被试50名（男17名），年龄范围为18~20岁，平均年龄为19.10岁，随机分配到关系概念学习组25名（男10名）和结构学习组25名（男7名）。被试的视力或矫正视力正常。实验后给予课程学分，并反馈实验结果。

设计。与前述实验的设计基本相同。不同之处是学习阶段呈现的材料分别是关系概念材料和结构材料；测试阶段都呈现词对线索材料（见表8-12）。

表8-12 实验基本设计

学习条件	学习材料	测试线索	被试任务
关系概念学习组	关系：捕食	老虎-羚羊	1. 回忆关系概念
结构学习组	结构：A 捕食 B		2. 熟悉性评分

材料。采用关系概念材料，并在其基础上形成结构材料。即在关系概念基础上增加两个无意义的字母，比如关系概念"捕食"对应的结构材料

是"A 捕食 B"。从表面上，两种材料唯一的区别是无实际内容的字母。

程序。核心程序与前述实验相同。需要强调的是，结构学习组的被试在进行测试阶段的回忆任务时，不需要回忆学习材料中的字母符号，而只回忆关系概念。

2. 结果

共剔除误解指导语的被试 2 名，回收 48 名被试的有效数据，回收率为 96%。其中，关系概念学习组 25 名，结构学习组 23 名。

（1）回忆情况

从表 8-13 中可知，实验四的两组被试对学过的旧项目的回忆率（0.62 和 0.60）比实验一（0.48 和 0.44）有很大提高。这可能是因为实验四学习材料的信息负荷较低，被试更容易记忆和回想，也可能与实验四被试更容易凭借词对线索总结出关系概念有关，毕竟词对关系都是被试所熟悉的。

表 8-13　项目的回忆情况（是否学过 × 有无回想）

	关系概念学习组		结构学习组	
	有回想	无回想	有回想	无回想
学过	0.62	0.38	0.60	0.40
未学过	0.42	0.58	0.40	0.60

所有被试对新旧项目都有中等程度的击中率、漏报率、正确拒斥和虚报率，信噪分布较合理。被试的回忆率 2（学过、未学过）×2（有回想、无回想）χ^2 独立性检验显示，"是否学过"对"有无回想"有显著影响［关系概念学习组：$\chi^2(1) = 146.03$，$df = 1$，$p < 0.001$；结构学习组：$\chi^2(1) = 244.45$，$df = 1$，$p < 0.001$］。这表明，被试对学过的项目有一定的学习效果，学习阶段的操作合理。

另外，熟悉性评分的 4（组块 1~4）×2（是否学过）的跨组块重复测量方差分析显示，组块主效应不显著，表明被试学习的期望效应、练习效应和疲劳效应不大。

（2）熟悉性效应分析

如图 8-5 所示，无回想情况下熟悉性评分的 2（学过、未学过）×2

（关系概念学习、结构学习）混合效应检验结果显示，两组交互作用显著 [F（1，46）＝4.27，MSe＝0.56，$p < 0.05$]，且结构学习组的熟悉性效应显著高于关系概念学习组 [t（45）＝2.07，SE＝0.15，$p < 0.05$]。这表明，虽然从表面上看，两组材料中有意义的信息都是关系概念，但被试对两组材料的编码加工过程存在差异，这种加工方面的差异导致结构材料的加工引发更强的熟悉性效应。

"是否学过"的主效应显著 [F（1，46）＝11.34，MSe＝1.46，$p <$ 0.01，η_p^2＝0.20]，表明学习阶段的操作确保被试有一定的学习效应；组别主效应不显著 [F（1，46）＝0.53，MSe＝1.68，$p > 0.05$]，这表明，两组被试学习材料的不同并没有影响被试的熟悉性评分信心，毕竟从表面上看，两组提供的学习材料的差别只是一些无实际内容的字母。

简单效应的分析结果显示，关系概念学习组的熟悉性效应未达到统计上的显著性 [t（24）＝0.98，SE＝0.10，$p > 0.05$，Cohen's d＝0.20]，而结构学习组的熟悉性效应显著 [t（22）＝3.71，SE＝0.11，$p < 0.05$，Cohen's d＝0.77]。这表明，单纯地学习关系概念信息，并不支持有效的熟悉性判断，而结构材料的学习才能引发显著的熟悉性效应。

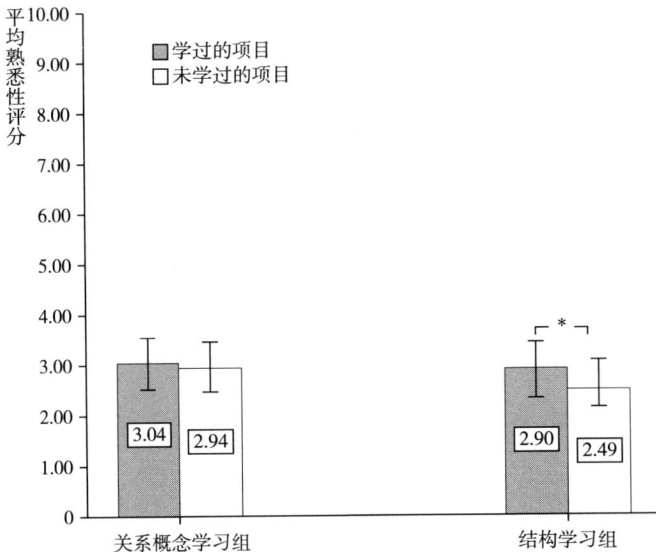

图8-5　无回想情况下的平均熟悉性评分

3. 讨论

实验结果表明，结构学习组的实验效应要显著大于关系概念学习组。不同的学习材料没有显著影响被试的总熟悉性评分信心，却影响了被试的熟悉性判断。而且被试孤立地学习关系概念材料，并不能引发显著的熟悉性效应。这表明，引发熟悉性效应的关键不是关系概念信息。那么，到底是什么呢？

第一，可以排除类别范畴概念信息的影响。在结构材料中，除关系概念外，字母本身不含有任何具体的项目概念信息。被试在再认时并不能根据这些字母对应激活线索词语的类别范畴概念，因而可以排除类别范畴概念引发熟悉性效应的可能性。可以合理推断：只有把字母与关系概念结合在一起分析，才能对实验结果做出合理解释。也就是说，被试在学习阶段对字母和关系概念信息进行了整合。

第二，可能是概念间结构信息的影响。从被试的编码整合过程看，当被试把字母和关系概念整合在一起进行结构化表达或结构化编码时，有可能激活了长时记忆中储存的概念间结构知识，从而引发熟悉性效应。另外，从被试的再认判断过程看，结构材料诱发的概念间结构信息与线索词对的相似性匹配过程更具有整体匹配的特点。而关系概念只是结构材料的一部分，其与线索词对的匹配更多表现为局部特征检索的特点。总之，结构材料引发的熟悉性效应与被试的结构化编码过程有关，这种结构化编码可能依赖于被试记忆中的概念间结构知识，其加工具有整体匹配的特点。

4. 小结

在学习阶段，结构材料比单纯的关系概念材料拥有更多信息支持熟悉性判断；在测试阶段，词对线索比关系概念线索拥有更多信息支持熟悉性判断。显然，与关系概念材料相比，词对材料和结构材料具有整合编码和整体匹配的特点。这告诉我们，词语材料诱发的熟悉性效应与概念间结构信息的编码有关，而且表现为整体匹配。

首先，分析关系概念线索组（词对－关系概念）与关系概念学习组（关系概念－词对）。为什么关系概念作为线索能够引发显著熟悉性效应，而单纯地学习关系概念却不能呢？其原因可能是，在关系概念线索组中，被试有足够的时间把关系概念线索转化为自己熟识的其他结构材料，如把

"捕食"转化为"狼吃羊"或"A捕食B"等，从而激活学习过的结构信息引发熟悉性效应；而在关系概念学习组，被试在3秒时间内只能以加工关系概念为主，而关系概念信息与线索词对信息之间不具有整体匹配的特点。因此，概念间结构信息可能在熟悉性效应中起关键作用。

其次，分析词对线索组（词对－词对）与关系概念学习组（关系概念－词对）。被试为了保证测试效果，必须在学习时把主要精力放在项目间的关系信息方面（Spellman et al.，2001）。然而，令人奇怪的是，在被试专门学习关系概念的条件下无法发生显著熟悉性效应，却在关系概念没有外显呈现的词对线索组发生。由此推断，引发熟悉性效应的关键信息并不是可表述的关系概念，而可能是关系信息的一种抽象表征形式。具体地说，当被试把"土蛇－老鼠"这一词对加工成"土蛇捕食老鼠"这一整体概念时，其熟悉性过程并不依赖于"捕食"这一关系概念，而可能依赖于"Z（A，B）"① 这一概念间结构信息。

再次，分析词对线索组（词对－词对）与结构学习组（结构－词对）。如果概念间结构信息的加工是引发熟悉性效应的唯一因素，那么这两组实验的熟悉性效应应该大致相同，因为词对和结构材料具有结构上的最大相似性。然而，粗略地看，结构学习组的熟悉性效应（0.41）却远远低于词对线索组（0.91）②。其原因可能有两个。第一，词对材料与结构材料在关系概念和结构信息方面相差不多，但前者比后者含有更多的语词范畴概念信息，这可能导致更大的熟悉性效应（Green，Fugelsang，& Dunbar，2006）。因而，引发熟悉性效应的因素可能并非只有概念间结构信息一种，还可能与范畴概念信息有关。第二，词对中所包含的具体客体概念有可能激活长时记忆中储存的具有丰富情景性的表象间结构知识，而结构材料则主要激活概念间结构信息。因为从关系的形成角度看，抽象的高阶关

---

① 其含义见上文结构驱动部分的内容。

② 文中的0.41表示实验四的结构学习组中，被试对学过项目的熟悉性评分（2.90）减去未学过的项目评分（2.49）；同理，文中的0.91表示实验一的词对线索组中，被试对学过项目的熟悉性评分（5.18）减去未学过的项目评分（4.27）。这里只是粗略地比较两个实验的熟悉性效应，更准确的比较需要依靠专门的实验设计和统计处理。由于这不是本书关注的主要问题，这里不再赘述。

系的概念间结构信息是从形象的低阶的表象间结构知识中反省抽象出来的，而后者可能包含更丰富的客体间复杂互动的情景性信息（Piaget et al.，1977）。总之，客体间情景类关系的熟悉性过程除了涉及概念间结构信息的加工之外，还可能涉及范畴概念信息和表象间结构信息的加工。

最后，就记忆基础而言，在实验四的熟悉性过程中，起关键作用的概念间结构信息很可能与 Tulving 的语义记忆系统有关。该系统主要存储与具体内容无关的一般性语义知识，比如内隐的潜在知识结构或类比结构等（Gentner，1983）。另外，也可能还与某种特定的整体加工机制有关。比如当被试再次加工同样或类似信息时的加工流畅性可能促进熟悉性判断（Yonelinas，2002）。由于词语间语义关系的熟悉性效应并不涉及知觉信息的加工（知觉流畅性），也不必然依赖语词或关系概念加工（概念流畅性），而主要与结构信息（结构流畅性）有关，因此，词语间语义关系的熟悉性过程更多表现为结构驱动的加工。该结果与以往记得/知道范式的研究相一致，可以通过 Yonelinas 整合假设与 RWCR 的特征匹配理论进行合理解释（Yonelinas et al.，2010；Cleary et al.，2012；Ryals & Cleary，2012；Cleary & Specker，2007）。

实验五　实物图对线索

现实客体间约定俗成关系的熟悉性研究所采用的实验刺激材料大部分是文字材料。但是，不同类型的刺激材料所表达的关系信息，无论从材料的知觉特征和语义特征来看，还是从被试对客体间关系的学习编码特点来看，其加工过程都存在很大的差异（Paivio，1991）。第一，文字材料包含的概念信息相对更加丰富，而知觉信息相对较少。被试对这种材料的加工具有概念加工优势，比如被试学习文字材料时，首先加工的是项目概念及其关系概念信息，然后才能获得客体间的关系信息。对客体间的抽象关系结构信息的获得具有间接特点，这无疑会影响被试的再认提取加工阶段。第二，实物图对材料则具有丰富的知觉信息，具有知觉加工优势。被试在学习时可能更加侧重客体间关系信息的编码加工，而不是图画的概念加工。在提取时，被试对客体间关系信息的加工具有更加直接的特点。

根据 Paivio 的双编码加工理论，被试在编码语词材料时，除了诱发言语概念信息的加工外，还能以一种无法觉察的自动化方式诱发相应的表象加工（Rowe & Paivio，1971；Yonelinas，2002）。也就是说，被试对词对材料进行编码时，以语词概念的加工为主，同时也能诱发少量的表象加工。其中，表象加工至少包括单个客体的表象和客体表象间的关系结构两种信息。因此，语词材料可能诱发表象间的结构信息，而结构材料对表象间类比结构信息的诱发相对较少。另外，记忆的联结主义模型和 Piaget 的层次结构理论认为，从概念间结构信息和表象间结构信息的内部表征来看，结构信息与表象或概念节点间的联结网络结构有关（Raaijmakers & Shiffrin，1992）。而且，结构信息分为高低不同的层次。其中，人们首先获得一种客体间内隐的、低阶的表象节点间联结的关系网络，然后从低阶的关系结构中反省抽象出一种高阶的概念节点间的关系网络（Piaget et al.，1977）。这表明，除了概念间结构信息外，还存在一种表象间的更基础水平的结构信息，这种信息可能共同参与了熟悉性加工过程。

以上研究表明，词对材料和结构材料都可能诱发一种与关系概念有关的高阶关系结构信息，如"Z（A，B）"等。除此之外，词对材料还可能诱发一种与表象有关的低阶关系结构信息（Goswami，1993）。那么，这种低阶的基础水平的表象间结构信息是否参与了熟悉性加工过程呢？换句话说，如果结构信息在客体间关系的熟悉性效应中起关键作用，那么其中除了涉及一种高层次的概念间结构信息外，是否还涉及一种基础水平的表象间结构信息呢（Piaget et al.，1977）？

实验五采用与实验四基本相同的设计，使用实物图对材料，探索以表象间结构信息为主的加工对熟悉性效应的影响，进一步确证引发熟悉性效应的结构驱动本质。当被试对实物图对材料进行编码时，能够诱发一种以表象加工为主、语词概念加工为辅的双编码加工过程。在这种概念加工成分降低的情况下，还能够引发熟悉性效应吗？即表象间结构信息能否引发熟悉性效应呢？根据 Yonelinas 的整合假设与 RWCR 的整体匹配理论，熟悉性效应依赖于学习阶段的整合编码加工以及测试阶段的整体匹配加工（Yonelinas et al.，2010；Ryals & Cleary，2012），实物图对的 RWCR 过程也应该表现为整体匹配加工。由此假设：以实物图对表象为线索，只有结构材料的学习才能引发熟悉性效应，关系概念的孤立学习则不能。

1. 方法

被试。某高校未参加过类似实验的大学生被试 37 名（男 11 名），随机分配到关系概念学习组 18 名（男 4 名）和结构学习组 19（男 7 名）名。被试年龄范围为 18 ~ 19 岁，平均年龄为 18.12 岁，标准差为 0.38 岁。参与实验的被试视力或矫正视力正常。实验后给予课程学分，并反馈实验结果。

设计。与实验四的设计基本相同。不同的是：把实验四中的词对材料改变为实物图对材料（见表 8 - 14）。

表 8 - 14 实验基本设计

	学习阶段	测试线索	被试任务
关系概念学习组	关系：捕食		1. 回想
结构学习组	结构：A 捕食 B		2. 熟悉性评分

材料。测试线索材料和结构学习材料与实验四相同。

程序。基本程序与实验四相同。只是由于实验材料转化图片的数量限制，实验组块调整为 2 个。

2. 结果

（1）回忆情况

表 8 - 15 显示，所有组被试的回忆率都在中等水平，没有出现低于 5% 或高于 95% 的极端数据。被试对于学过的项目都有适当的回忆和遗忘，对未学过的项目都有适当的拒斥和虚报。这表明被试的信号检测反应具有较合理的分布，比较符合熟悉性连续分布的假定，保证了无回想数据（即漏报和正确拒斥）分析的有效性。两组被试回忆率的 2（学过、未学过）×2（有回想、无回想）χ^2 独立性检验发现，"是否学过"对"有无回想"有显著影响 $[\chi^2(1) = 44.27/87.99, df = 1, p < 0.001]$。这表明，每组被试的学习过程显著影响了其回忆情况，学习阶段的操作有一定的效果。

表 8 - 15 被试的回忆率（有无学过/有无回想）

	关系概念学习组		结构学习组	
	有回想	无回想	有回想	无回想
学过	0.68	0.32	0.67	0.33
未学过	0.48	0.52	0.39	0.61

（2）熟悉性效应分析

图8-6显示了无回想情况下被试对学过和未学过图对的平均熟悉性评分。"是否学过"与组别的2×2混合效应的检验结果显示，两因素交互效应在0.05水平上显著 [F（1，35）=6.78，MSe=3.41，$p<0.05$，=0.16]，而且结构学习组的熟悉性效应显著高于关系概念学习组 [t（35）=2.60，SE=0.33，$p<0.05$]。结果与实验四一致。

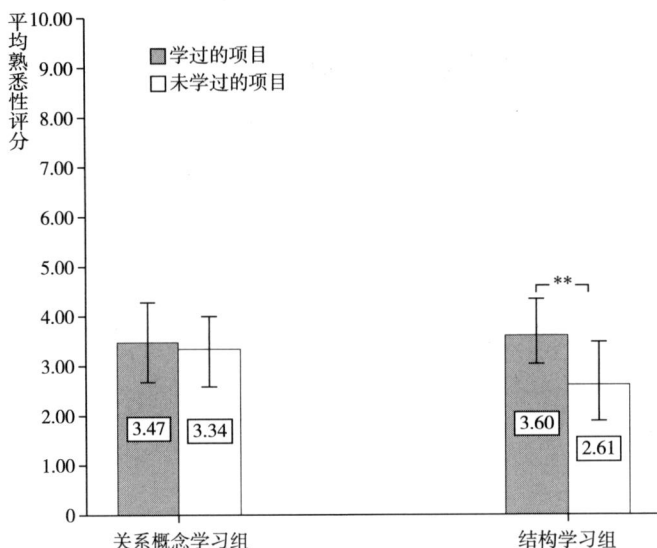

图8-6　无回想情况下被试对学过和未学过材料的平均熟悉性评分

"是否学过"因素的主效应显著 [F（1，35）=11.59，MSe=5.83，$p<0.001$，η_p^2=0.25]。这表明，学习效果显著。另外，组别主效应不显著 [F（1，35）=0.38，MSe=1.73，$p>0.05$]。这表明，两组被试在学习阶段学到的概念信息没有很大差别，毕竟两组学习材料表面上最大的不同只是一些无实际内容的英文字母。这一结果与实验四相一致。

简单效应分析结果显示，关系概念学习组的熟悉性效应未达到统计上的显著性 [t（17）=0.53，SE=0.25，$p>0.05$，Cohen's d=0.13]，而结构学习组的熟悉性效应显著 [t（18）=4.48，SE=0.22，$p<0.001$，Cohen's d=1.04]。这表明，单纯地学习关系概念信息本身，并不支持有效的熟悉性判断，结构材料的学习才能引发显著的熟悉性效应。

3. 讨论

实验结果显示，以实物图对作为材料，可以得出与实验四比较一致的结果。只有结构材料的学习才能引发熟悉性效应，而且结构学习组的效应显著高于关系概念学习组。这表明，实物图对的 RWCR 过程也表现为整体匹配的特点。在这一前提下，结合实验四分析实验五的结果，可能让我们对 RWCR 的加工过程有更深刻的认识。

表 8 - 16 显示，在实验四和实验五中，被试对学过项目和未学过项目的平均熟悉性评分以及两者的差值。由于实验材料数量和实验组块不同，本书无法对两个实验的熟悉性评分进行直接检验，下面只做粗略比较。

表 8 - 16 词对实验与图对实验的平均熟悉性评分比较

	关系概念学习组	结构学习组
词对实验	3. 04 - 2. 94	2. 90 - 2. 49
图对实验	3. 47 - 3. 34	3. 60 - 2. 61

首先比较词对实验和图对实验的平均熟悉性评分。从表 8 - 16 可知，在实验五中，两组被试学习的材料相同，而图对实验的平均熟悉性评分要高于词对实验，这与实验二中的平均熟悉性评分降低的情况相反。其原因可能与图对线索比词对线索有更多的信息可以依靠有关，当然，也可能与实验五比实验二的学习材料少有关。

其次比较词对实验和图对实验的熟悉性效应。如表 8 - 17 所示，图对实验的熟悉性效应要大于词对实验。其中，关系概念学习组的差异很小（0. 03），这可能与该组熟悉性效应本身并不显著有关；结构学习组的 RWCR 差异较大（0. 58），这可能表明，当学习材料是语词表达的概念时，即使只把测试线索改为图对材料，RWCR 过程也可能发生图画优势效应（Paivio，2006）。这需要进一步的深入研究。

表 8 - 17 词对实验与图对实验的熟悉性效应比较

	关系概念学习组	结构学习组
词对实验	0. 10	0. 41
图对实验	0. 13	0. 99

综上所述，对客体间约定俗成的情景类关系而言，其熟悉性过程不但涉及较高层次的概念间结构信息，而且涉及基础水平的表象间结构信息。两种结构信息引发熟悉性过程具有整体匹配的特点。而且，在熟悉性过程中，表象间结构信息对熟悉性效应的影响可能要大于概念间结构信息的作用，即表象间结构信息的激活可能更强或更优先于概念间结构信息。其可能的原因是被试最先是通过表象加工获得或习得最基础水平的内隐性结构信息的。当然，也可能与图画优势效应有关。这需要进一步研究。

三　几何结构与熟悉性

上述实验结果表明，客体间关系的熟悉性效应与结构信息有关。但是，以上实验所关注的客体间关系都是人们经常参与的现实情景类关系。根据语义记忆系统的观点，被试在学习信息时，所有信息首先进入语义记忆系统进行一般性规则或结构性信息的编码加工，之后再进入情景记忆系统进行细节性内容的加工（Tulving，1972）。对客体间情景类关系而言，人们的长时记忆中可能储存着与该类关系有关的结构性知识。因此，当被试在学习阶段对该类客体间情景类关系进行整合编码时，其加工过程在很大程度上依赖于大脑中储存的结构性信息，这可能决定了其熟悉性过程的结构化匹配特点。也就是说，熟悉性的加工过程可能与被试的整合编码过程有关（Yonelinas，2002）。

据推测，其他类型的客体间关系，其熟悉性效应可能并不必然与结构信息有关。比如在 Kostic 等（2010）的词对材料中，虽然绝大部分词对所表示的都是客体间的社会功能角色、日常场景或事件图式等情境关系，但也有数量极少的个别词对[①]例外。被试在整合这些个别词对时，并不必然表现为结构化编码。如词对"白天－黑夜"，被试既可以根据

---

① 通过实验后访谈和主观分析可知，Kostic、Cleary、Severin 和 Miller（2010）的材料中约有 5 对类似的词语关系。

自己的生活经验整合成现实事件的时间次序关系"白天紧随黑夜出现",也可以整合成一个关系概念"反义词"。当被试对词对的整合编码特点不同时,其熟悉性再认过程也可能表现出不同的特点,其熟悉性效应也不必然与结构信息的加工有关,也可能与关系概念信息的加工有关。

为了进一步验证以上推测,实验六和实验七运用几何图形间的几何关系作为研究对象,利用无线索回忆再认范式进行实验。几何图形材料的独特性在于被试很难对某一单个的几何图形进行命名,其项目的概念信息更少。而且,被试的学习主要是把几何图形间的空间变化关系整合成某一几何概念,如"垂直""旋转""轴对称"等,这种加工特点与文字和图画表达的关系有质的不同。前者是几何关系,而后者是客体间的功能关系或角色关系。几何关系中包含的抽象结构信息可能远远少于客体间的功能或角色关系。比如"垂直"关系就没有"捕食"关系那样更具有功能上的现实互动性和丰富性。

实验假设:图形材料诱发几何关系熟悉性效应的关键影响因素是关系概念,而非结构信息。因为与以上实验所述的客体间关系不同,虽然几何关系在现实生活中广泛存在,但人们主要在教育环境下习得几何关系。对这类关系的学习主要以获得线条间的几何概念为目的,而不是以获得两个现实客体的功能或图式结构为目的。从客体间关系的习得、记忆储存和整合过程看,几何图形间的几何关系都与客体间基本主题关系存在很大不同。那么被试对客体间几何关系信息的整合方式就可能以概念编码为主,而不是结构化编码,其熟悉性效应就可能不再表现为结构驱动,而是以概念驱动为主。

实验六　关系概念线索的反转效应

有研究表明,熟悉性可以支持随机匹配几何图形的记忆(Yonelinas & Jacoby,1995)。结合 Yonelinas 的整合假设可知,如果几何图形间能够被整合成一个整体结构,如脸孔等,或者能被整合成某一单一概念时,熟悉性有可能反映几何图形间的关系加工。

为了探究客体间几何关系的熟悉性加工特点,实验六首先要求被试学

习两两配对的几何图形间关系，再用两种不同的测试线索分离图对线索与
关系概念线索对熟悉性效应的影响。由于几何图形本身没有任何实际的意
义，被试很难对其进行主观命名或语词概念加工。因此，在学习图对与线
索图对进行类比再认时，同类别范畴信息几乎不起作用，引发熟悉性效应
主要依靠图对间的关系信息。实验六假设：如果被试对几何图对的整合主
要依靠几何关系概念，那么关系概念线索组的熟悉性效应要显著高于图对
线索组，与词对实验的结果恰恰相反。

1. 方法

被试。某高校未参加过类似实验的大学生被试 30 名（男 9 名），随机
分配到关系概念线索组 15 名（男 5 名）和词对线索组 15 名（男 4 名），
被试年龄范围为 18 ~ 20 岁，平均年龄为 18.42 岁，标准差为 0.71 岁。参
与实验的被试视力或矫正视力正常。实验后给予课程学分，并反馈实验
结果。

设计。见表 8 - 18。

表 8 - 18   实验基本设计

实验条件	学习阶段	测试线索	被试任务
图对线索组			1. 回想
关系概念线索组		关系：对称	2. 熟悉性评分

材料。几何图形材料参考瑞文标准渐进矩阵 R. 单一加工理论和高级
渐进矩阵 R. APM。图形间关系采用常见的几何关系，比如"对称""旋
转"等。采用 Adobe Photoshop 图像处理软件对图形进行制作，形成 120 张
几何图形，两两配对成 60 个类比图对刺激，共 30 对类比图对。图片像素
约为 60 * 60PPI，图片背景为白色，两图间距为 2 个字符。

程序。实验程序与前述实验基本相同。不同之处是：由于实验材料的
数量限制，实验组块调整为 1 个。

2. 结果

共回收 30 名被试的有效数据，回收率为 100%。其中，关系概念线索
组 15 名，词对线索组 15 名。

（1）回忆情况

表 8-19 显示，所有被试对于学习过的旧项目有中等程度的回忆率和遗忘率，对于没学习过的新项目有适当的拒斥和虚报。回忆率的 2（学过、未学过）×2（有回想、无回想）χ^2 独立性检验发现，"是否学过"对"有无回想"有显著影响 ［关系概念线索组：χ^2（1）= 45.05，$df = 1$，$p < 0.001$；词对线索组：χ^2（1）= 42.74，$df = 1$，$p < 0.001$］。这表明，学习过程显著影响了回忆情况，被试对学过的项目有一定的学习效果，学习阶段的操作合理。

表 8-19　项目的回忆情况（是否学过 × 有无回想）

	关系概念线索组		图对线索组	
	有回想	无回想	有回想	无回想
学过	0.56	0.44	0.43	0.57
未学过	0.25	0.75	0.15	0.85

（2）熟悉性效应分析

图 8-7 显示了被试对新旧项目无回想情况下的平均熟悉性评分。2（学过、未学过）×2（关系概念线索、图对线索）混合效应的检验结果显示，两个因素的交互效应不显著 ［F（1，28）= 0.72，$MSe = 1.57$，$p > 0.05$］，这一结果与词对实验不同。关系概念线索组与图对线索组熟悉性效应无显著差异 ［t（28）= 0.84，$SE = 0.76$，$p > 0.05$］。这表明，对引发熟悉性效应而言，图对线索所提供的信息并没有比关系概念线索更多。而在词对实验和实物图对实验中，情况完全不同。

主效应分析结果显示，"是否学过"主效应显著 ［F（1，28）= 32.56，$MSe = 70.86$，$p < 0.001$，$\eta_p^2 = 0.54$］，这表明，被试对学习材料有一定的学习效果；组别主效应显著 ［F（1，28）= 7.57，$MSe = 36.73$，$p < 0.05$，$\eta_p^2 = 0.21$］，且关系概念线索组被试对所有新旧项目的平均熟悉性评分显著高于图对线索组，这表明，关系概念线索比图对线索含有更多有用信息，提高了被试的熟悉性判断信心。这一结果与词对实验相反。

简单效应分析结果显示，两组实验都发生显著的熟悉性效应［关系概念线索组：t（14）= 3.98，$SE = 0.63$，$p < 0.001$，Cohen's $d = 1.03$；图

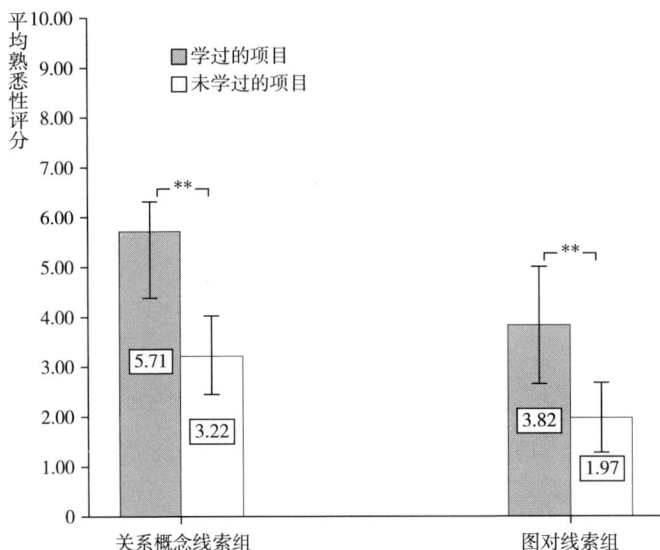

图 8-7　无回想情况下的平均熟悉性评分

对线索组：t（14）$= 4.26$，$SE = 0.43$，$p < 0.001$，Cohen's $d = 1.10$]。这表明，测试阶段提供的关系概念线索和图对线索都能激活学习阶段加工过的有用信息，从而引发熟悉性效应。

3. 讨论

实验结果显示，测试阶段的关系概念线索和图对线索都能激活学习过的有用信息，引发显著的熟悉性效应。与词对实验或实物图对实验不同，几何图形实验发生了组别主效应反转和交互效应不显著现象。下面分别进行讨论。

一是组别主效应反转。在实验中，关系概念线索组的平均熟悉性评分显著高于图对线索组，这恰恰与对应的词对实验的结果相反。而从表面看，几何图对线索组的学习材料和学习编码加工过程都与测试阶段完全匹配，其熟悉性评分却较低。该信息提示我们，关系概念线索与学习编码过的信息之间可能存在更大程度的相似性，从而给被试的熟悉性判断提供了更多的信息。其原因可能与被试的实际编码加工过程有关，即被试在学习阶段对几何图对的整合可能主要依靠关系概念加工，关系概念线索对学习过的相应信息的激活是直接的，而图对线索是以一种间接的方式进行信息激活的。

二是交互效应不显著。图对线索与关系概念线索相比，并没有引发更大的熟悉性效应，这与对应的词对实验或实物图对实验的结果也不一致。从表面看，几何图对线索组的学习材料与线索材料在材料构成和编码加工方面都具有更大程度的匹配性，但图对线索组的熟悉性效应（1.85）反而低于关系概念线索组（2.49），虽然并没达到统计学意义上的显著性。这可能是因为，两种表面不同的线索很可能给被试提供了相同的线索信息，即关系概念信息。其中，关系概念线索直接给被试提供了关系概念信息，而图对线索则间接提供关系概念信息，毕竟几何图对线索中范畴概念信息和结构性信息很少或者几乎没有，而间接提供的有用信息所引发的熟悉性效应要低于直接提供的信息。

综合分析该实验与词对实验的不一致结果，可以做出推断：几何图对的熟悉性过程可能并不表现为结构驱动，而更多依赖于学习编码过程中关系概念的加工和测试阶段的关系概念信息的匹配，其 RWCR 过程可能主要表现为概念驱动。这一点需要进一步论证。

实验七 结构材料的反转效应

根据实验六的结果推断，关系概念信息可能是引发几何图对熟悉性效应的直接因素。那么，结构信息在熟悉性效应中所起的作用又是怎样的呢？实验七直接操作关系概念和结构材料在学习阶段的编码加工，进一步与词对实验进行比较。实验七假设：如果实验六的推断为真，那么关系概念学习和结构学习都能引发熟悉性效应，而且两组的熟悉性效应无显著差异。

1. 方法

被试。选取某高校未参加过类似实验的大学生被试 33 名（男 12 名），随机分配到关系概念学习组 17 名（男 7 名）和结构学习组 16 名（男 5 名），被试年龄范围为 18～21 岁，平均年龄为 19.00 岁，标准差为 0.52 岁。参与实验的被试视力或矫正视力正常。实验后给予课程学分，并反馈实验结果。

设计。与前述实验设计基本相同。不同之处是测试阶段呈现的材料（见表 8 - 20）。

表 8 – 20　实验基本设计

实验条件	学习阶段	测试线索	实验任务
关系概念学习组	关系：对称		1. 回想
结构学习组	结构：A 和 B 对称		2. 熟悉性评分

材料。采用与实验六基本相同的材料，并在此基础上形成结构材料。结构材料是在关系概念基础上增加两个无意义的字母，比如关系概念"对称"对应的结构材料是"A 和 B 对称"。从表面上看，两种材料唯一的区别是无意义字母。

程序。核心程序与实验六相同。需要强调的是，结构学习组的被试在进行测试阶段的回忆任务时，不需要回忆学习材料中的字母符号，而只回忆关系概念。

2. 结果

共回收 33 名被试的有效数据，回收率为 100%。其中，关系概念学习组 17 名，结构学习组 16 名。

（1）回忆情况

从表 8 – 21 可知，所有被试对新旧项目都有中等程度的击中率、漏报率、正确拒斥率和虚报率，信噪分布较合理，没有出现低于 5% 或高于 95% 的极端比率。被试的回忆率 2（学过、未学过）× 2（有回想、无回想）χ^2 独立性检验发现，"是否学过"对"有无回想"有显著影响 [关系概念学习组：$\chi^2(1) = 27.35$，$df = 1$，$p < 0.001$；结构学习组：$\chi^2(1) = 35.37$，$df = 1$，$p < 0.001$]。这表明，被试对学过的项目有一定的学习效果，学习阶段的操作合理。

表 8 – 21　项目的回忆情况（是否学过 × 有无回想）

	关系概念学习组		结构学习组	
	有回想	无回想	有回想	无回想
学过	0.59	0.41	0.54	0.46
未学过	0.29	0.71	0.28	0.72

（2）熟悉性效应分析

如图 8 – 8 所示，无回想情况下平均熟悉性评分 2（学过、未学过）×

2（关系概念学习、结构学习）的混合效应检验结果显示，两组实验的交互作用不显著 $[F_{(1, 31)} = 0.31, MSe = 0.35, p > 0.05]$，且关系概念学习组与结构学习组熟悉性效应无显著差异 $[t_{(31)} = 0.56, SE = 0.52, p > 0.05]$。该结果与词对实验不一致。

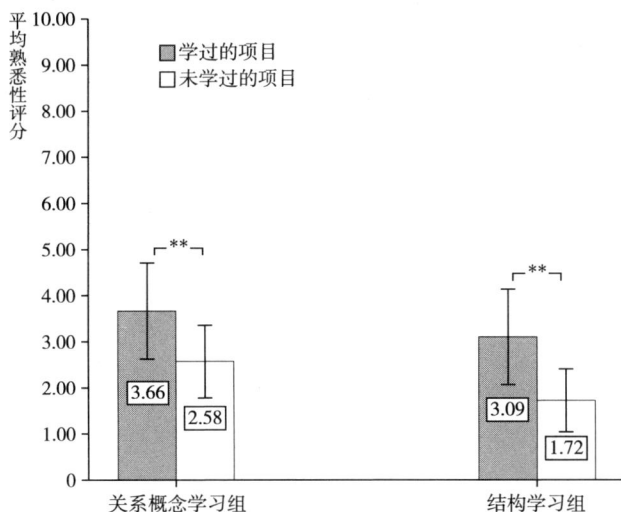

图 8 - 8　无回想情况下的平均熟悉性评分

主效应分析结果显示，"是否学过"的主效应显著 $[F_{(1, 31)} = 22.31, MSe = 24.69, p < 0.001, \eta_p^2 = 0.42]$，表明学习阶段的操作确保被试有一定的学习效应；组别主效应不显著 $[F_{(1, 31)} = 1.73, MSe = 8.34, p > 0.05]$，表明两组被试学习材料的不同并没有影响被试的熟悉性评分信心。

简单效应分析结果显示，关系概念学习组熟悉性效应显著 $[t_{(16)} = 3.30, SE = 0.33, p < 0.001, \text{Cohen's } d = 0.59]$，该结果与词对实验不一致；结构学习组也发生显著的熟悉性效应 $[t_{(15)} = 3.38, SE = 0.41, p < 0.001, \text{Cohen's } d = 0.84]$，这表明，孤立地学习关系概念信息和结构材料都能引发显著的熟悉性效应。

实验结果表明，在几何关系的再认中，关系概念和结构材料的学习都能引发熟悉性效应，而且不同的学习材料并不显著影响被试的熟悉性评分信心，也没有显著影响熟悉性效应。该结果与词对实验存在两方面的不一致：一是关系概念组熟悉性效应显著；二是关系概念学习组熟悉性效应与结构学习组无显著差异。这表明，对被试的学习编码加工而言，关系概念材料和结构材料并不存在本质差异，即被试对两种材料的加工可能都是以关系概念信息的加工为主，结构化材料并没有帮助被试进行结构信息的编码加工。根据实验的结果可知，测试阶段的不同线索和学习阶段的不同材料都没有影响熟悉性效应。在测试阶段，被试的熟悉性判断主要依靠关系概念信息的匹配，而非其他信息；在学习阶段，被试可能主要以关系概念信息的加工为主，并没有进行结构化编码。以上结果表明，几何关系的熟悉性效应主要与关系概念信息的加工有关，而与结构信息关系不大。

结　语

在记忆研究中，似曾相识现象与熟悉性加工有关，并不是一个新的观点（Brown & Marsh，2010；Cleary，2008；Cleary，Ryals，& Nomi，2009；Jacoby & Whitehouse，1989；Roediger，1996）。似曾相识的格式塔观点也早在这一现象的研究早期就提出来了，然而熟悉性可以通过认知对象的格式塔结构来获得，是从当前情况下的格式塔特征和记忆中存储的整体特征之间的匹配中产生的（Clark & Gronlund，1996；Jones，Brown，& Atchley，2007），这一想法相对较新，在理论上也很重要。尽管以往的一些研究已经开始确定在没有回忆的情况下能够产生熟悉感的特征类型，但是这些特性的本质还没有很好地整理和阐明（Cleary，2004；Cleary，Langley，& Seiler，2004；Cleary，Winfield，& Kostic，2007；Kostic & Cleary，2009）。

内隐记忆的实验范式和 Yonelinas 有关熟悉性加工的整合假设，为探索引发熟悉性效应的关键信息特征提供了可操作的范式和理论基础。在此基础上，研究者发展了分离熟悉性效应的无线索回忆再认范式和分离整体结构的一系列实验材料。无论客体表象、客体概念，还是概念间关系的研究都表明，引发熟悉性效应的关键因素有两个：一是表象、概念或概念间关系中客观存在的那些无法有意识地清晰表达的整体轮廓结构、整体框架、概念内结构、概念间语义结构等潜在的内隐的格式塔式结构信息；二是人的长时记忆中必须储存着相应的格式塔整体信息，其长时记忆基础与语义记忆系统有关，而非情景记忆系统。

以往启动研究和熟悉性研究都表明，在对几何图形的表象认知中，只有可能图形的结构才能引发熟悉性效应，人们对不可能图形没有熟悉感。对现实客体而言，由于其结构都属于现实可能图形，研究者把重点放在了分离现实客体的轮廓与部分组件成分引发熟悉性的问题上，结果发现引发熟悉性的关键是轮廓信息，而非组件成分信息。对于单词符号而言，研究者主要分离了个别字母和字母间固定顺序所形成的正字法结构的熟悉性效应，结果发现正字法结构才是引发熟悉性的关键。

除了这一类视觉结构的加工之外，少数研究者还研究音律结构等听知觉结构，也发现同样的结果。这类格式塔整体信息的加工依赖于知觉表征系统和语义记忆系统，前者可能产生加工流畅性的问题，后者可能产生结构匹配问题。虽然不可否认加工流畅性在熟悉性加工中的贡献，但部分信息和整体信息在熟悉性加工中的分离效应告诉我们，加工流畅性显然不是引发熟悉性效应的关键，否则，部分信息的再次加工，亦可以通过流畅性产生熟悉性效应。总之，被试记忆中储存的客体知觉层面的内隐结构可能是引发熟悉性的关键。

单一概念及概念间语义关系的熟悉性研究，似乎告诉我们，概念诱发的知觉表象信息和特征属性信息的加工，可以增进熟悉性效应。但内隐结构可能才是其中的关键，原因有二：一是即使被试在学习概念和概念间关系信息时，激活了相关表象和特征属性信息，前已述及，这些信息的加工仍然具有结构化的特点，仅仅学习实物概念间的关系概念不能引发熟悉性效应，可能是因为这类概念在短时间内很难激活与其相关的表象间结构和特征属性结构；二是使用抽象关系结构材料却能引发熟悉性效应，这种材料引导被试把关系概念转化为结构化形式，有利于激活长时记忆中的结构知识。

几何关系的熟悉性研究与语义关系相比，很多结果都出现了反转效应。这可能表明，在熟悉性加工中，几何关系概念更类似于单一概念。从表面上看，几何关系表现为两个几何图形之间的关系，但这些关系经过学科化的教育之后，在被试的长时记忆中是以单一概念的形式储存的。否则，抽象结构化的学习材料引发的熟悉性效应不可能比关系概念的学习更低。总之，不是所有的刺激间关系的背后都具有潜在的刺激间互动关系，但有些关系概念本身却可能具有抽象的内在结构，这种信息也可能引发熟悉性效应。比如"对称"这一概念就具有广泛的视知觉基础和日常生活经验基础。

总之，很多研究结果都支持熟悉性的深层加工水平观点。无论学习阶段的编码加工是以概念加工为主、表象加工为辅的语词材料实验条件，还是以表象加工为主、概念加工为辅的实物图画实验条件，无论是学习具有现实意义的客体间主题关系，还是学习没有明显互动内容的几何关系概念，被试都能够根据表面感知觉特征完全不同的类比材料，对学过的类似语义关系信息进行无线索回忆的熟悉性再认。这表明，基于熟悉性的再认过程不但涉及浅层次的感知觉信息加工，也涉及深层次的语义信息加工。可见，就加工水平而言，熟悉性过程能够反映深层次语义信息的加工，而不仅仅反映浅层次的感知觉加工，该结论支持双加工理论近期模型的预测。

另外，实验结果支持熟悉性的整体匹配观点。熟悉性加工与学习阶段的某种整合编码加工有关，并不支持人为匹配的暂时性联结关系的再认（赵广平、郭秀艳，2014）。在学习阶段，被试对客体间现实情景关系的整合编码有可能依赖于项目概念和关系概念，也依赖于客体间的抽象结构信息。但在现实客体间关系的再认中，被试在根本无法回忆任何概念信息的情况下，引发了熟悉性效应，且熟悉性效应主要与类比结构有关，而与关系概念的关系不大。这表明，在该条件下，熟悉性再认过程主要依赖于类比结构信息的匹配加工。就熟悉性加工的匹配特点而言，有关几何关系的研究也提供了相应证据。在被试学习实验材料时，几乎无法对单个几何图形项目进行概念方面的编码加工，而主要编码加工的信息是项目的表象信息和由表象信息形成的关系信息。在测试阶段，被试却能够在根本回忆不起任何学习信息的情况下，对学过的类似关系信息进行成功再认。这在一定程度上表明，该条件下的熟悉性效应并不依赖于编码加工过的个别表象信息，而是依赖于学过的单一的关系概念信息的激活。总之，在现实和几何这两种客体间关系的熟悉性再认过程中，无论熟悉性与类比结构信息有关，还是与关系概念信息有关，这两种信息都可能表现为整体匹配的特点，而非局部信息的检索或匹配。该结论为单一加工理论的整体匹配观点提供了部分支持，但是单一加工理论所认为的熟悉性加工所涉及的整体信息是"量"方面的综合这一点并没有得到实验结果的支持。相反，不同关系类型的熟悉性过程所涉及的整体信息存在"质"的不同。这一结论比较符合 Yonelinas 整合假设的预测，也是以往研究较少探讨的问题。

最后，实验结果更倾向于支持双加工理论近期模型中的 Tulving 模型和熟悉性的格式塔假设。对于客体间现实主题关系的熟悉性加工而言，如果根据 Jacoby 的加工流畅性观点，被试学习的材料无论是概念对或结构材料，还是关系概念，在进行再认时，都可能对学过的类似信息产生一种加工流畅性，从而引发熟悉性效应。但事实并非如此，当被试学习关系概念时，并没有产生显著的熟悉性效应，而只有在学习概念对或结构材料时，才能产生显著的熟悉性效应。这表明，不是所有信息的学习与加工都引发熟悉性效应，只有格式塔结构信息的加工才是产生熟悉性效应的关键。可见，在双加工理论的近期模型中，Jacoby 模型并不能很好地解释这种现象。而 Tulving 模型认为，熟悉性与语义记忆系统中抽象知识的激活有关，而且任何信息在进入长时记忆系统进行加工储存时，首先要进入语义记忆系统激活相匹配的抽象语义信息，其中包括无具体内容的一般抽象知识和抽象结构信息。根据该模型，语义关系的熟悉性效应很可能与语义记忆系统中抽象结构信息的激活有关，这种特异性信息的激活与被试学习阶段对两个项目的特异性整合编码特点有关。总之，在解释熟悉性加工的长时记忆基础时，实验结果更倾向于支持 Tulving 模型，而不是 Jacoby 模型。当然，这里并不是说，Jacoby 模型所说的加工流畅性问题不能促进熟悉性效应。

总体上说，熟悉性与回想两种加工都可能涉及从感知觉到抽象语义等所有水平的信息加工，但两种加工所涉及的具体信息、再认提取特点和记忆基础存在差异。回想主要加工能够有意识表达的、具有具体内容的信息，提取过程依赖于个别局部信息的有意识检索，其长时记忆基础可能与情境记忆系统有关；熟悉性则涉及一种语义记忆系统中储存的格式塔整体信息，提取过程依赖于整体信息匹配的无意识过程。仅仅从再认记忆的角度看，似曾相识现象至少与基于熟悉性的再认有一定关联。一是熟悉性的近期研究结果符合似曾相识的早期格式塔理论的预测；二是近期研究结果与内隐记忆、类比结构领域的研究结果一致，都支持内隐结构的整体匹配加工特点；三是近期研究结果符合 Yonelinas 的整合假设预测。可见，多个方面的证据都表明，似曾相识现象的再认记忆基础与内隐格式塔式结构信息的整体匹配加工有关。

　　根据以上内容可以推测，人类经过长期的社会生活适应，可能习得更复杂的社会关系或社会网络。在某一特定的家庭文化和社会文化中，这些网络可能形成某种稳定独特的抽象关系图式和社会结构图式，这些图式在进一步的社会适应和文化传承方面存在无意识迁移的特点，其再认也可能依赖于熟悉性加工，同样可以引发似曾相识的体验。这一假设不但可以解释社会生活和文学作品中的似曾相识现象，也可以为抽象社会图式的研究提供新的研究视角。例如，如果经验上认为一个人在家庭文化或本土文化中形成的各种关系模式有可能迁移到其他领域，那么就可以运用熟悉性再认范式对某些文化载体的结构特征进行研究，从而提炼其共同结构信息。也许正是这种跨情景相似的结构信息导致人们对本土文化信息的似曾相识感，而非某些局部的相似性信息。必须特别说明的是，这些深层内隐结构的相似性不但可以引发人们再认时的似曾相识感，而且可以被无意识启动，进一步引导人们对眼前符号、图片、物体、实物场景和人际场景进行推理，获得舒适感和好感。这将为熟悉性加工这类基础认知的研究应用到家庭人际关系、中西文化比较和传播领域，提供理论基础和可操作性强的实验方法。

参考文献

[1] 曹雪芹，2010，《脂砚斋重评石头记》（修订新版），中州古籍出版社。

[2] 邓静，2010，《翻译研究的框架语义学视角评析》，《外语教学与研究》第 1 期，第 66 ~ 71 页。

[3] 樊晓燕、郭春彦，2005，《从认知神经科学的角度看熟悉性和回想》，《心理科学进展》第 2 期，第 314 ~ 319 页。

[4] 高鑫、郑一筠、杨宝玲，2007，《人工语法学习迁移效应研究进展》，《西北民族大学学报》（自然科学版）第 1 期，第 52 ~ 57 页。

[5] 郭健、申俊涛，2010，《个体内隐知识的测量方法研究》，《科学决策》第 5 期，第 87 ~ 94 页。

[6] 郭秀艳，2002，《再认中意识和无意识的贡献大小——兼论内隐记忆的抗老化现象》，《心理科学》第 5 期，第 535 ~ 537 页。

[7] 郭秀艳，2003，《内隐学习》，华东师范大学出版社。

[8] 郭秀艳、杨治良，2002，《内隐学习与外显学习的相互关系》，《心理学报》第 4 期，第 351 ~ 356 页。

[9] 胡志平、李莉、杨治良，2013，《内隐知识研究述评》，《哈尔滨师范大学社会科学学报》第 1 期，第 147 ~ 153 页。

[10] 乐国安、赵德雷，2003，《近 20 年来美国法律社会心理学研究新进展》，《心理科学进展》第 1 期，第 92 ~ 100 页。

[11] 李警、余林，2011，《幻忆现象研究现状述评》，《心理科学进展》第 3 期，第 382 ~ 389 页。

[12] 李莉，2011，《内隐知识的理论与实验研究》，博士学位论文，华东师范大学基础心理学系。

[13] 李莉、杨治良，2011，《解析 Dienes & Perner 的内隐知识理论》，《黑龙江高教研究》第 6 期，第 114 ~ 117 页。

[14] 李岩松、周仁来，2008，《再认记忆双加工的理论模型及研究方法》，《北京师范大学学报》（自然科学版）第 3 期，第 243 ~ 246 页。

[15] 梁九清、郭春彦，2012，《跨领域项目间联结记忆中项目提取和关系提取的分离：一项事件相关电位研究》，《心理学报》第 5 期，第 625 ~ 633 页。

[16] 罗伯·史登堡、特德·鲁巴特，2000，《不同凡响的创造力》，洪兰译，中国城市出版社。

[17] 罗劲，2004，《顿悟的大脑机制》，《心理学报》第 2 期，第 219 ~ 234 页。

[18] 罗跃嘉，2006，《认知神经科学教程》，北京大学出版社，第 130 ~ 135 页。

[19] 孟迎芳，2013，《内隐脸孔记忆的编码机制》，《心理学报》第 9 期，第 935 ~ 943 页。

[20] 彭聃龄，2012，《普通心理学》（第 4 版），北京师范大学出版社。

[21] 彭聃龄、张必隐，2004，《认知心理学》，浙江教育出版社。

[22] 皮亚杰，2011，《结构主义》，倪连杰、王琳译，商务印书馆。

[23] 齐瓦·孔达，2013，《社会认知——洞悉人心的科学》，周治金、朱新秤译，人民邮电出版社。

[24] 钱国英、游旭群，2007，《概念性内隐记忆和外显记忆中熟悉性的关系研究》，《心理科学》第 1 期，第 45 ~ 47 页。

[25] 曲衍立、张梅玲，2000，《类比迁移研究综述》，《心理学动态》第 2 期，第 50 ~ 55 页。

[26] 王甦、汪安圣，2006，《认知心理学》，北京大学出版社。

[27] 温格瑞尔（Ungerer, F.）、施密德（Schmid, H. J.），2001，《认知语言学入门》，陈治安、文旭导读，外语教学与研究出版社。

[28] 吴果，2005，《目击辨认研究概览》，《心理科学进展》第 2 期，第 239 ~ 247 页。

[29] 徐万治、徐保华，2009，《"框架（frame）"探源及其在翻译研究中的应用探讨》，《中国石油大学学报》（社会科学版）第 5 期，第 94 ~

96 页。

[30] 杨治良、郭力平，1998，《从任务分离范式到加工分离范式——记忆研究的方法革新》，《湖北大学学报》（哲学社会科学版）第 2 期，第 84～86 页。

[31] 杨治良、周颖、李林，2003，《无意识认知的探索》，《心理与行为研究》第 3 期，第 161～165 页。

[32] 杨祖陶、邓晓芒，2001，《康德〈纯粹理性批判〉指要》，人民出版社。

[33] 尹华站、黄希庭，2003，《目击记忆中的检索效应问题》，《西南师范大学学报》（人文社会科学版）第 5 期，第 27～31 页。

[34] 袁红梅、汪少华，2017，《框架理论研究的发展趋势和前景展望》，《西安外国语大学学报》第 4 期，第 18～22 页。

[35] 张庆林、邱江，2005，《顿悟与源事件中启发信息的激活》，《心理科学》第 1 期，第 6～9 页。

[36] 张庆林、王永明，1998，《类比迁移的三种理论》，《心理科学》第 6 期，第 550～551 页。

[37] 张向葵、张雪琴、高琨、孙树勇，2000，《类比推理研究综述》，《心理科学》第 6 期，第 725～728 页。

[38] 赵广平，2015，《字母混淆矩阵的多维尺度分析》，《心理学探新》第 3 期，第 284～288 页。

[39] 赵广平、郭秀艳，2014，《熟悉性与回想分离的新证据》，《心理科学进展》第 7 期，第 1122～1128 页。

[40] 赵广平、周楚、郭秀艳，2015，《基于熟悉性的项目间语义关系再认》，《心理发展与教育》第 4 期，第 385～392 页。

[41] 中国社会科学院语言研究所词典室，2005，《现代汉语词典》（第 5 版），商务印书馆。

[42] 左飚，2001，《环性与线性：中西文化特性比较》，《社会科学》第 12 期，第 68～72 页。

[43] Acheson, D. T., Gresack, J. E., & Risbrough, V. B., 2012, "Hippocampal Dysfunction Effects on Context Memory: Possible Etiology for

Posttraumatic Stress Disorder," *Neuropharmacology* 62 (2): 674 – 685.

[44] Addante, R. J., Ranganath, C., & Yonelinas, A. P., 2012, "Examining ERP Correlates of Recognition Memory: Evidence of Accurate Source Recognition without Recollection," *Neuroimage* 62 (1): 439 – 450.

[45] Alex, K., Warren, D. E., Duff, M. C., Tranel, D. N., & Cohen, N. J., 2008, "Hippocampal Amnesia Impairs All Manner of Relational Memory," *Frontiers in Human Neuroscience* 2 (5): 15.

[46] Aly, M., Ranganath, C., & Yonelinas, A. P., 2014, "Neural Correlates of State–and Strength–based Perception," *Journal of Cognitive Neuroscience* 26 (4): 792 – 809.

[47] Amster, H., 1964, "Semantic Satiation and Generation: Learning? Adaptation?" *Psychological Bulletin* 62 (62): 273 – 286.

[48] And, C. B. M., & Rosch, E., 2014, "Categorization of Natural Objects," *Annual Review of Psychology* 32 (10): 89 – 115.

[49] Arnaud, F. L., 1896, "Un Cas d'Illusion du Déjàvu ou de Fausse Memoire," *Annales Medico Psychologiques* 3: 455 – 471.

[50] Atkinson, R. C., & Juola, J. F., 1973, "Factors Influencing Speed and Accuracy of Word Recognition," *Attention and Performance* IV: 583 – 612.

[51] Atkinson, R. C., & Juola, J. F., 1974, "Search and Decision Processes in Recognition Memory," in Krantz, D. H., Atkinson, R. C., Luce, R. D., & Suppes, P. (eds.), *Contemporary Developments in Mathematical Psychology*, Freeman, pp. 243 – 293.

[52] Atkinson, R. C., Hertmann, D. J., & Wescourt, K. T., 1974, "Search Processes in Recognition Memory," in Solso, R. L. (ed.), *Theories in Cognitive Psychology: The Loyola Symposium*, Erlbaum, pp. 101 – 146.

[53] Baddeley, A. D. & Hitch, G. J., 1974, "Working Memory," *The Psychology of Learning and Motivation: Advances in Research and Theory* 8: 47 – 89.

[54] Badham, S. P., Estes, Z., & Maylor, E. A., 2012, "Integrative and Semantic Relations Equally Alleviate Age–related Associative Memory Deficits,"

Psychology and Aging 27（1）: 141.

［55］ Baker, M. , Burstein, M. H. , & Collins, A. M. , 1987, "Implementing a Model of Human Plausible Reasoning," *International Joint Conference on Artificial Intelligence* 27: 185 – 188.

［56］ Baldwin, J. M. , 1889, *Handbook of Psychology*, Holt.

［57］ Baldwin, M. W. , 1992, "Relational Schemas and the Processing of Social Information," *Psychological Bulletin* 112（3）: 461 – 484.

［58］ Bancaud, J. , Brunet – Bourgin, F. , Chauvel, P. , & Halgren, E. , 1994, "Anatomical Origin of Déjà vu and Vivid 'Memories' in Human Temporal Lobe Epilepsy," *Brain* 117: 71 – 90.

［59］ Banister, H. , & Zangwill, O. L. , 1941, "Experimentally Induced Olfactory Paramnesias," *British Journal of Psychology* 32（2）: 155 – 175.

［60］ Banks, J. A. , 2001, "Citizenship Education and Diversity Implications for Teacher Education," *Journal of Teacher Education* 52（1）: 5 – 16.

［61］ Barsalou, L. W. , 2008, "Grounded Cognition," *Annual Review of Psychology* 59（1）: 617 – 645.

［62］ Barsalou, L. W. , 2010, "Grounded Cognition: Past, Present, and Future," *Topics in Cognitive Science* 2（4）: 716.

［63］ Bateson, A. . Alexander, R. A. , & Murphy, M. D. , 1987, "Cognitive Processing Differences between Novice and Expert Computer Programmers," *International Journal of Man–Machine Studies* 26（6）: 649 – 660.

［64］ Berlin, B. , Breedlove, D. E. , & Raven, P. H. , 1974, "Principles of Tzeltal Plant Classification," *Taxon* 24（4）: 518.

［65］ Bernhard–Leroy, E. , 1898, *L'Illusion de Fause Reconnaissance*, F. Alcan.

［66］ Bernstein, I. H. , & Welch, K. R. , 1991, "Awareness, False Recognition, and the Jacoby–Whitehouse Effect," *Journal of Experimental Psychology: General* 120: 324 – 328.

［67］ Berrios, G. E. , 1995, "Déjà vu in France during the 19th Century: A Conceptual History," *Comprehensive Psychiatry* 36（2）: 123 – 129.

［68］ Black, J. B. , Turner, T. J. , & Bower, G. H. , 1979, "Point of View in Narrative Comprehension, Memory, and Production," *Journal of Verbal Learning & Verbal Behavior* 18 (2): 187 – 198.

[69] Blanchette, I., & Dunbar, K., 2000, "How Analogies Are Generated: The Roles of Structural and Superficial Similarity," *Memory & Cognition* 28 (1): 108 – 124.

[70] Blanchette, I., & Dunbar, K., 2002, "Representational Change and Analogy: How Analogical Inferences Alter Target Representations," *Journal of Experimental Psychology: Learning, Memory, & Cognition* 28: 672 – 685.

[71] Blumenfeld, R. S., Parks, C. M., Yonelinas, A. P., & Ranganath, C., 2011, "Putting the Pieces Together: The Role of Dorsolateral Prefrontal Cortex in Relational Memory Encoding," *Journal of Cognitive Neuroscience* 23 (1): 257 – 265.

[72] Boirac, E., 1876, "Correspondence [Letter to the Editor]," *Review Philosophique* 1: 430 – 431.

[73] Bornstein, R. F., 1992, "Subliminal Mere Exposure Effects," in Bornstein, R. F., & Pittman, T. S. (eds.), *Perception without Awareness*, Guilford Press, pp. 191 – 210.

[74] Bowers, J. S., & Schacter, D. L., 1990, "Implicit Memory and Test Awareness," *J Exp Psychol Learn Mem Cogn* 16 (3): 404 – 416.

[75] Bowles, B., Crupi, C., Mirsattari, S. M., Pigott, S. E., Parrent, A. G., & Pruessner, J. C., et al., 2007, "Impaired Familiarity with Preserved Recollection after Anterior Temporal-lobe Resection that Spares the Hippocampus," *Proceedings of the National Academy of Sciences of the United States of America* 104 (41): 16382 – 16387.

[76] Bradley, M. M., & Glenberg, A. M., 1983, "Strengthening Associations: Duration, Attention, or Relations?" *Journal of Verbal Learning & Verbal Behavior* 22 (6): 650 – 666.

[77] Brainerd, C. J., Wright, R., Reyna, V. F., & Payne, D. G., 2002, "Dual-retrieval Processes in Free and Associative Recall," *Journal of Memory and Language* 46 (1): 120 – 152.

[78] Brands, R. A., 2013, "Cognitive Social Structures in Social Network Research: A Review," *Journal of Organizational Behavior* 34 (S1): S82 – S103.

[79] Briscoe, E., & Feldman, J., 2011, "Conceptual Complexity and the Bias/Variance Trade Off," *Cognition* 118: 2 – 16.

[80] Brown, A. S., 2003, "A Review of the Deja vu Experience," *Psychological Bulletin* 129 (3): 394 – 413.

[81] Brown, A. S., 2004, *The Déjà vu Experience*, Psychology Press.

[82] Brown, A. S., & Marsh, E. J., 2008, "Evoking False Beliefs about Autobiographical Experience," *Psychonomic Bulletin & Review* 15: 186 – 190.

[83] Brown, A. S., & Marsh, E. J., 2009, "Creating Illusions of Past Encounter through Brief Exposure," *Psychological Science* 20: 534 – 538.

[84] Brown, A. S., & Marsh, E. J., 2010, "Digging into Déjà vu: Recent Research Findings on Possible Mechanisms," in Ross, B. H. (ed.), *The Psychology of Learning and Motivation*, Vol. 53, Academic Press, pp. 33 – 62.

[85] Brown, J., 1958, "Some Tests of the Decay Theory of Immediate Memory," *Quarterly Journal of Experimental Psychology* 10 (1): 12 – 21.

[86] Brown, M. W., & Aggleton, J. P., 2001, "Recognition Memory: What Are the Roles of the Perirhinal Cortex and Hippocampus?" *Nature Reviews Neuroscience* 2 (1): 51 – 61.

[87] Brown, W. D., 2003, "Mate Choice in Tree Crickets and Their Kin," *Annual Review of Entomology* 44 (1): 371 – 396.

[88] Bruce, V., & Valentine, T., 1985, "Identity Priming in the Recognition of Familiar Faces," *British Journal of Psychology* 76 (3): 373 – 383.

[89] Bruner, J. S., Goodnow, J. J., & Austin, G. A., 1956, "A Study of Thinking," *Philosophy & Phenomenological Research* 7 (1): 215 – 221.

[90] Buchler, N. G., Light, L. L., & Reder, L. M., 2008, "Memory for Items and Associations: Distinct Representations and Processes in Associative Recognition," *Journal of Memory & Language* 59 (2): 183 – 199.

[91] Buffalo, E. A., Reber, P. J., & Squire, L. R., 1998, "The Human Perirhi-

nal Cortex and Recognition Memory," *Hippocampus* 8 (4): 330 – 339.

[92] Burnham, W. H. , 1903, "Retroactive Amnesia: Illustrative Cases and a Tentative Explanation," *American Journal of Psychology* 14 (6): 3 – 4.

[93] Cabeza, R. , & Nyberg, L. , 2000, "Neural Bases of Learning and Memory: Functional Neuroimaging Evidence," *Current Opinion in Neurology* 13 (4): 415.

[94] Caldwell, J. I. , & Masson, M. E. , 2001, "Conscious and Unconscious Influences of Memory for Object Location," *Memory & Cognition* 29 (2): 285 – 295.

[95] Capgras, J. , & Réboul–Lachaux, J. , 1923, "L'Illusion Des 'Sosies' Dans un déLire Systé Matisé Chronique," *Bulletin de la Société Clinique de Mé Decine Mentale* 2: 6 – 16.

[96] Carrington, R. C. , 1931, "Studies in the Campanian 'Villae Rusticae'," *Journal of Roman Studies* 21 (1): 110 – 130.

[97] Chapman, A. H. , & Mensh, I. N. , 1951, "Déjà vu Experience and Conscious Fantasy in Adults," *Psychiatric Quarterly Supplement* 25: 163 – 175.

[98] Chattoo, B. B. , Palmer, E. , Ono, B. , & Sherman, F. , 1979, "Patterns of Genetic and Phenotypic Suppression of lys2 Mutations in the Yeast Saccharomyces Cerevisiae," *Genetics* 93 (1): 67.

[99] Clark, J. M. & Paivio, C. A. , 1991, "Dual Coding Theory and Education," *Educational Psychology Review* 3 (3): 149 – 210.

[100] Clark, S. E. , & Gronlund, S. D. , 1996, "Global Matching Models of Recognition Memory: How the Models Match the Data," *Psychonomic Bulletin & Review* 3 (1): 37 – 60.

[101] Cleary, A. M. , 2004, "Orthography, Phonology, and Meaning: Word Features That Give Rise to Feelings of Familiarity in Recognition," *Psychonomic Bulletin & Review* 11 (3): 446 – 451.

[102] Cleary, A. M. , 2005a, "Recognition without Perceptual Identification: A Measure of Familiarity?" *The Quarterly Journal of Experimental Psychology* 58 (06): 1143 – 1152.

[103] Cleary, A. M. , 2005b, "ROCs in Recognition with or without Iden-tification," *Memory* 13 (5): 472–483.

[104] Cleary, A. M. , 2006, "Relating Familiarity-based Recognition and the Tip-of-the-tongue Phenomenon: Detecting a Word's Recency in the Absence of Access to the Word," *Memory & Cognition* 34 (4): 804–816.

[105] Cleary, A. M. , 2008, "Recognition Memory, Familiarity, and Déjà vu Experiences," *Current Directions in Psychological Science* 17 (5): 353–357.

[106] Cleary, A. M. , 2011, Face Recognition without Identification, Re-views, Refinements and New Ideas in Face Recognition, edited by Dr. Corcoran, Peter.

[107] Cleary, A. M. , Brown, A. S. , Sawyer, B. D. , Nomi, J. S. , Ajoku, A. C. , & Ryals, A. J. , 2012, "Familiarity from the Configuration of Objects in 3-dimensional Space and Its Relation to Déjà vu: A Virtual Reality Investigation," *Consciousness and Cognition* 21 (2): 969–975.

[108] Cleary, A. M. , & Greene, R. L. , 2000, "Recognition without Iden-tification," *Journal of Experimental Psychology: Learning, Memory, and Cog-nition* 26 (4): 1063.

[109] Cleary, A. M. , & Greene, R. L. , 2001, "Memory for Unidentified Items: Evidence for the Use of Letter Information in Familiarity Processes," *Memory & Cognition* 29 (3): 540–545.

[110] Cleary, A. M. , Konkel, K. E. , Nomi, J. S. , & McCabe, D. P. , 2010, "Odor Recognition without Identification," *Memory & Cognition* 38 (4): 452–460.

[111] Cleary, A. M. , Langley, M. M. , & Seiler, K. R. , 2004, "Recogni-tion without Picture Identification: Geons as Components of the Pictorial Memory Trace," *Psychonomic Bulletin & Review* 11 (5): 903–908.

[112] Cleary, A. M. , & Reyes, N. L. , 2009, "Scene Recognition without Identification," *Acta Psychologica* 131 (1): 53–62.

[113] Cleary, A. M. , Ryals, A. J. , & Nomi, J. S. , 2009, "Can Déjà vu Result from Similarity to a Prior Experience? Support for the Similarity

Hypothesis of Déjà vu," *Psychonomic Bulletin & Review* 16 (6): 1082 – 1088.

[114] Cleary, A. M., & Specker, L. E., 2007, "Recognition without Face Identification," *Memory & Cognition* 35 (7): 1610 – 1619.

[115] Cleary, A. M., Winfield, M. M., & Kostic, B., 2007, "Auditory Reognition without Identification," *Memory & Cognition* 35: 1869 – 1877.

[116] Clement, C. A., & Gentner, D., 2010, "Systematicity as a Selection Constraint in Analogical Mapping," *Cognitive Science* 15 (1): 89 – 132.

[117] Cofer, C. C., 1967, "Conditions for the Use of Verbal Associations," *Psychological Bulletin* 68: 1 – 12.

[118] Collins, A. M., & Burstein, M., 1987, *A Framework for a Theory of Mapping*, BBN LABS INC.

[119] Collins, A. M., & Loftus, E. F., 1988, "A Spreading-activation Theory of Semantic Processing," *Readings in Cognitive Science* 82 (6): 407 – 428.

[120] Collins, A. M., & Quillian, M. R., 1969, "Retrieval Time from Semantic Memory," *Journal of Verbal Learning and Verbal Behavior* 8 (2): 240 – 247.

[121] Collins, A. M., & Quillian, M. R., 1970, "Facilitating Retrieval from Semantic Memory: The Effect of Repeating Part of an Inference," *Acta Psychologica* 33 (368): 304 – 314.

[122] Conklin, E. G., 1935, "The Story of a Mind," *Science* 81 (2088): 19 – 20.

[123] Cooper, L. A., Schacter, D. L., Ballesteros, S., & Moore, C., 1992, "Priming and Recognition of Transformed Three-dimensional Objects: Effects of Size and Reflection," *Journal of Experimental Psychology Learning Memory & Cognition* 18 (1): 43 – 57.

[124] Crichton-Browne, J., 1895, "On Old Age," *British Medical Journal* 2 (1605): 727 – 736.

[125] Criss, A. H., Wheeler, M. E., & McClelland, J. L., 2013, "A Differentiation Account of Recognition Memory: Evidence from fMRI,"

Journal of Cognitive Neuroscience 25 （3）: 421 – 435.

[126] Critchley, E. M. R. , 1989, "The Neurology of Familiarity," *Behavioural Neurology* 2: 195 – 200.

[127] Curran, T. , & Cleary, A. M. , 2003, "Using ERPs to Dissociate Recollection from Familiarity in Picture Recognition," *Cognitive Brain Research* 15 （2）: 191 – 205.

[128] Curran, T. , & Doyle, J. , 2011, "Picture Superiority Doubly Dissociates the ERP Correlates of Recollection and Familiarity," *Journal of Cognitive Neuroscience* 23 （5）: 1247 – 1262.

[129] Cutting, J. , & Silzer, H. , 2014, "Psychopathology of Time in Brain Disease and Schizophrenia," *Behavioural Neurology* 3 （4）: 197 – 215.

[130] Dashiell, J. , 1937, *Fundamentals of General Psychology*, Houghton Mifflin Company.

[131] Day, S. B. , & Goldstone, R. L. , 2011, "Analogical Transfer from a Simulated Physical System," *Journal of Experimental Psychology: Learning, Memory, and Cognition* 37 （3）: 551 – 567.

[132] Day S. , & Gentner D. , 2007, "Nonintentional Analogical Inference in Text Comprehension," *Memory & Cognition* 35: 39 – 49.

[133] De Nayer, A. , 1979, "Déjà vu: Elaboration of a Hypothetical Model of Explanation," *Psychiatria Clinica* 12 （2）: 92.

[134] De Soto, C. B. , 1960, "Learning a Social Structure," *J Abnorm Soc Psychol* 60 （3）: 417 – 421.

[135] De Soto, C. B. , Henley, N. M. , & London, M. , 1968, "Balance and the Grouping Schema," *Journal of Personality & Social Psychology* 8 （1）: 1.

[136] Diana, R. A. , Reder, L. M. , Arndt, J. , & Park, H. , 2006, "Models of Recognition: A Review of Arguments in Favor of a Dual–process Account," *Psychonomic Bulletin & Review* 13 （1）: 1 – 21.

[137] Diana, R. A. , Van den Boom, W. , Yonelinas, A. P. , & Ranganath, C. , 2011, "ERP Correlates of Source Memory: Unitized Source

Information Increases Familiarity-based Retrieval," *Brain Research* 1367: 278 – 286.

[138] Dienes, Z. , & Perner, J. , 1999, "A Theory of Implicit and Explicit Knowledge," *Behavioral & Brain Sciences* 22 (5): 735 – 755.

[139] Dixon, N. E. , 1981, *Preconscious Processing*, Wiley.

[140] Dobbins, I. G. , Kroll, N. E. , Yonelinas, A. P. , & Liu, Q. , 1998, "Distinctiveness in Recognition and Free Recall: The Role of Recollection in the Rejection of the Familiar," *Journal of Memory and Language* 38 (4): 381 – 400.

[141] Doumas, L. A. , Hummel, J. E. , & Sandhofer, C. M. , 2008, "A Theory of the Discovery and Predication of Relational Concepts," *Psychological Review* 115 (1): 1.

[142] Dunbar, K. , & Blanchette, I. , 2001, "The in Vivo/in Vitro Approach to Cognition: The Case of Analogy," *Trends in Cognitive Sciences* 5: 334 – 339.

[143] Duncker, K. , & Lees, L. S. , 1945, "On Problem-solving," *Psychological Monographs* 58 (5): i.

[144] Dunn, J. C. , 2004, "Remember-know: A Matter of Confidence," *Psychological Review* 111 (2): 524.

[145] Dusek, J. A. , & Eichenbaum, H. , 1997, "The Hippocampus and Memory for Orderly Stimulus Relations," *Proceedings of the National Academy of Sciences* 94 (13): 7109 – 7114.

[146] Dusek, J. A. , & Eichenbaum, H. , 1998, "The Hippocampus and Transverse Patterning Guided by Olfactory Cues," *Behavioral Neuroscience* 112 (4): 762 – 771.

[147] Ellenbogen, J. M. , Hu, P. T. , Payne, J. D. , Titone, D. , & Walker, M. P. , 2007, "Human Relational Memory Requires Time and Sleep," *Proceedings of the National Academy of Sciences* 104 (18): 7723 – 7728.

[148] Erdelyi, M. H. , 1970, "Recovery of Unavailable Perceptual Input," *Cognitive Psychology* 1: 99 – 113.

[149] Ericsson, A. , 2016, *Peak : Secrets from the New Science of Expertise*,

Houghton Mifflin.

[150] Estes, W. K. , 2003, "Learning Theory," *Annual Review of Psychology* 13 (13): 107 – 144.

[151] Estes, Z. , Golonka, S. , & Jones, L. L. , 2011, "Chapter Eight–thematic Thinking : The Apprehension and Consequences of Thematic Relations," *Psychology of Learning & Motivation* 54: 249 – 294.

[152] Estes, Z. , & Jones, L. L. , 2009, "Integrative Priming Occurs Rapidly and Uncontrollably during Lexical Processing," *Journal of Experimental Psychology General* 138 (1): 112.

[153] Evans, L. H. , & Wilding, E. L. , 2012, "Recollection and Familiarity Make Independent Contributions to Memory Judgments," *The Journal of Neuroscience* 32 (21): 7253 – 7257.

[154] Evans, V. , & Green, M. , 2006, "Cognitive Linguistics: An Introduction," *Delta Documentação De Estudos Em Lingüística Teórica E Aplicada* 23 (2): 397 – 398.

[155] Feustel, T. C. , Shiffrin, R. M. , & Salasoo, A. , 1983, "Episodic and Lexical Contributions to the Repetition Effect in Word Identification," *Journal of Experimental Psychology*: *General* 112 (3): 309.

[156] Fillmore, L. W. , 1985, "Second Language Learning in Children: A Proposed Model," *English* 11: 35 – 43.

[157] Findler, N. V. , 1998, "A Model–based Theory for Déjà vu and Related Psychological Phenomena," *Computers in Human Behavior* 14 (2): 287 – 301.

[158] Fiske A. P. , 2012, "Metarelational Models: Configurations of Social Relationships," *European Journal of Social Psychology* 42 (1): 2 – 18.

[159] Fleminger, S. , 1991, ' The Déjà vu Experience: Remembrance of Things Past?': Comment," The *American Journal of Psychiatry* 148 (10): 1418 – 1419.

[160] Flexser, A. J. , & Tulving, E. , 1978, "Retrieval Independence in Recognition and Recall," *Psychological Review* 85 (3): 153.

［161］ Forbach, G. B. , Stanners, R. F. , & Hochhaus, L. , 1974, "Repetition and Practice Effects in a Lexical Decision Task," *Memory & Cognition* 2 (2): 337–339.

［162］ Funkhouser, A. T. , 1983, "A Historical Review of Déjà vu," *Parapsychological Journal of South Africa* 4: 11–24.

［163］ Gabrieli, J. D. , 1998, "Cognitive Neuroscience of Human Memory," *Annual Review of Psychology* 49 (49): 87.

［164］ Gaillard, V. , Vandenberghe, M. , Destrebecqz, A. , & Cleeremans, A. , 2006, "First–and Third–person Approaches in Implicit Learning Research," *Consciousness & Cognition* 15 (4): 709–722.

［165］ Gallup, G. H. , & Newport, F. , 1991, "Belief in Paranormal Phenomena among Adult Americans," *Skeptical Inquirer* 15: 137–146.

［166］ Gardiner, J. M. , & Java, R. I. , 1990, "Recollective Experience in Word and Nonword Recognition," *Memory & Cognition* 18 (1): 23–30.

［167］ Gardiner, J. M. , Java, R. I. , & Richardson–Klavehn, A. , 1996, "How Level of Processing Really Influences Awareness in Recognition Memory," *Canadian Journal of Experimental Psychology/Revue Canadienne de Psychologie Expérimentale* 50 (1): 114.

［168］ Gardiner, J. M. , & Parkin, A. J. , 1990, "Attention and Recollective Experience in Recognition Memory," *Memory & Cognition* 18 (6): 579–583.

［169］ Gaynard, T. J. , 1992, "Young People and the Paranormal," *Journal of the Society for Psychical Research* 58 (826): 165–180.

［170］ Gentner, D. , 1983, "Structure–mapping: A Theoretical Framework for Analogy," *Cognitive Science* 7 (2): 155–170.

［171］ Gentner, D. , 1989, "The Mechanisms of Analogical Learning," *Similarity and Analogical Reasoning* 199: 241.

［172］ Gentner, D. , & Gunn, V. , 2001, "Structural Alignment Facilitates the Noticing of Differences," *Memory & Cognition* 29 (4): 565–577.

［173］ Gentner, D. , Holyoak, K. J. , & Kokinov, B. N. , 2001, *The Analogi-*

cal Mind: Perspectives from Cognitive Science, MIT Press.

[174] Gentner, D., & Kurtz, K. J., 2005, "Relational Categories," in *Categorization Inside and Outside the Laboratory*, American Psychological Association, pp. 151 – 175.

[175] Gentner, D., & Markman, A. B., 1997, "Structure Mapping in Analogy and Similarity," *American Psychologist* 52: 45 – 56.

[176] Gentner, D., Ratterman, M. J., &Forbus, K. D., 1993, "The Roles of Similarity in Transfer: Separating Retrievability from Inferential Soundness," *Cognitive Psychology* 25: 524 – 575.

[177] Gentner, D., & Smith, L., 2012, "Analogical Reasoning," in Ramachandran, V. (ed.), *Encyclopedia of Human Behavior*, Elsevier, Oxford, UK, pp. 130 – 136.

[178] Ghio, M., Vaghi, M. M., Perani, D., & Tettamanti, M., 2016, "Decoding the Neural Representation of Fine-grained Conceptual Categories," *Neuroimage* 132: 93.

[179] Gick, M. L., & Holyoak, K. J., 1980, "Analogical Problem Solving," *Cognitive Psychology* 12: 306 – 355.

[180] Gick, M. L., & Holyoak, K. J., 1983, "Schema Induction and Analogical Transfer," *Cognitive Psychology* 15 (1): 1 – 38.

[181] Gillund, G., & Shiffrin, R. M., 1984, "A Retrieval Model for Both Recognition and Recall," *Psychological Review* 91 (1): 1.

[182] Gilmore, G. C., Hersh, H., Caramazza, A., & Griffin, J., 1979, "Multidimensional Letter Similarity Derived from Recognition Errors," *Perception & Psychophysics* 25 (5): 425 – 431.

[183] Giovanello, K. S., Keane, M. M., & Verfaellie, M., 2006, "The Contribution of Familiarity to Associative Memory in Amnesia," *Neuropsychologia* 44 (10): 1859 – 1865.

[184] Gloor, P., 1990, "Experiential Phenomena of Temporal Lobe Epilepsy," *Brain A Journal of Neurology* 113 (6): 1673.

[185] Gloor, P., Olivier, A., Quesney, L. F., Andermann, F., & Horowitz,

S. , 1982, "The Role of Limbic System in Experiential Phenomena of Temporal Lobe Epilepsy," *Annals of Neurology* 12: 129 – 144.

[186] Goldman, S. R. , Pellegrino, J. W. , & Sallis, P. R. , 1982, "Develop mental and Individual Differences in Verbal Analogical Reasoning," *Child Development* 53 (2): 550 – 559.

[187] Golonka, S. , & Estes, Z. , 2009, "Thematic Relations Affect Similarity Via Commonalities," *Journal of Experimental Psychology Learning Memory & Cognition* 35 (6): 1454.

[188] Gordon, P. C. , & Holyoak, K. J. , 1983, "Implicit Learning and Gene ralization of the 'Mere Exposure' Effect," *Journal of Personality and Social Psychology* 45 (3): 492 – 500.

[189] Goswami, U. , 1993, "Analogical Reasoning in Children," 29 (5): 49 – 56.

[190] Graf, P. , Mandler, G. , & Haden, P. E. , 1982, "Simulating Amnesic Symptoms in Normal Subjects," *Science* 218 (4578): 1243 – 1244.

[191] Gérard, A. , 1959, "Keats and the Romantic Sehnsucht," *University of Toronto Quarterly* 28: 160 – 175.

[192] Grasset, J. , 1904, "La Sensation Du 'Déjà vu'," *Journal de Psychologie, Normale et Pathologique* 1: 17.

[193] Green, A. E. , Fugelsang, J. A. , & Dunbar, K. N. , 2006, "Automatic Activation of Categorical and Abstract Analogical Relations in Analogical Reasoning," *Memory & Cognition* 34 (7): 1414 – 1421.

[194] Green, A. E. , Fugelsang, J. A. , Kraemer, D. J. M. , Shamosh, N. A. , & Dunbar, K. N. , 2006, "Frontopolar Cortex Mediates Abstract Integra-tion in Analogy," *Brain Research* 1096 (1): 125 – 137.

[195] Green, C. E. , 1966, "Spontaneous 'Paranormal' Experiences in Re-lation to Sex and Academic Background," *Journal of the Society for Psychi-cal Research* 43: 357 – 363.

[196] Green, D. M. , & Swets, J. A. , 1966, *Signal Detection Theory and Psy-chophysics*, Wiley.

［197］ Greyson, B. , 1977, "Telepathy in Mental Illness: Deluge or Delu-
sion?," *Journal of Nervous & Mental Disease* 165 (3): 184 – 200.

［198］ Grigorenko, E. L. , & Sternberg, R. J. , 2000, "Elucidating the Etiology
and Nature of Beliefs about Parenting Styles," *Developmental Science* 3
(1): 93 – 112.

［199］ Grosset, N. , Barrouillet, P. , & Markovits, H. , 2005, "Chronometric
Evidence for Memory Retrieval in Causal Conditional Reasoning: The
Case of the Association Strength Effect," *Memory & Cognition* 33 (4):
734 – 741.

［200］ Haist, F. , Shimamura, A. P. , & Squire, L. R. , 1992, "On the Rela-
tionship between Recall and Recognition Memory," *Journal of Experi-
mental Psychology: Learning, Memory, and Cognition* 18 (4): 691.

［201］ Hakim, H. , Verma, N. P. , & Greiffenstein, M. F. , 1988, "Patho-
genesis of Reduplicative Paramnesia," *Journal of Neurology Neurosurgery &
Psychiatry* 51 (6): 839.

［202］ Halgren, E. , Walter, R. D. , Cherlow, D. G. , & Crandall, P. H. ,
1978, "Mental Phenomena Evoked by Electrical Stimulation of the Hu-
man Hippocampal Formation and Amygdala," *Brain* 101: 83 – 117.

［203］ Hare, M. , Jones, M. , Thomson, C. , Kelly, S. , & McRae, K. ,
2009, "Activating Event Knowledge," *Cognition* 111 (2): 151 – 167.

［204］ Harper, G. M. , 1969, "Frustration," *South Atlantic Bulletin* 34 (4): 25.

［205］ Harper, M. A. , 1969, "Movement and Migration of Diatoms on Sand
Grains," *British Phycological Bulletin* 4 (1): 97 – 103.

［206］ Hashimoto, N. , Johnson, B. , & Peterson, A. , 2016, "The Effects of
Thematic Relations on Picture Naming Abilities Across the Lifespan,"
Neuropsychol Dev Cogn B Aging Neuropsychol Cogn 23 (4): 499 – 512.

［207］ Hawley, K. J. , & Johnston, W. A. , 1991, "Long – term Perceptual
Memory for Briefly Exposed Words as a Function of Awareness and At-
tention," *Journal of Experimental Psychology: Human Perception and Perform-
ance* 17: 807 – 815.

［208］Heit, E. , 2010, "Modeling the Effects of Expectations on Recognition Memory," *Psychological Science* 4 (4): 244 – 252.

［209］Herman, S. N. , Schalken, Henk, F. A. , Onghe, Frans, & Koeter, Maarten W. J. , 1994, "The Inventory for Déjà vu Experiences Assessment: Development, Utility, Reliability, and Validity," The *Journal of Nervous and Mental Disease* 182 (1): 27.

［210］Heymans, G. , 1904, "Eine Enquete Und Depersonalisation Und 'Fausse Reconnaissance'," *Zeitschrift fur Psychologie* 36: 321 – 343.

［211］Heymans, G. , 1906, "Weitere Daten Uber Depersonalisation Und 'Fausse Reconnaissance'," *Zeitschrift fur Psychologie* 43: 1 – 17.

［212］Hintzman, D. L. , 1986, "Schema Abstraction in a Multiple – trace Memory Model," *Psychological Review* 93 (4): 411 – 428.

［213］Hintzman, D. L. , 1988, "Judgments of Frequency and Recognition Memory in a Multiple – trace Memory Model," *Psychological Review* 95 (4): 528.

［214］Hintzman, D. L. , & Hartry, A. L. , 1990, "Item Effects in Recognition and Fragment Completion: Contingency Relations Vary for Different Subsets of Words," *Journal of Experimental Psychology Learning Memory & Cognition* 16 (6): 955 – 969.

［215］Hoffman, H. G. , 1997, "Role of Memory Strength in Reality Monitoring Decisions: Evidence from Source Attribution Biases," *Journal of Experimental Psychology: Learning, Memory, and Cognition* 23: 371 – 383.

［216］Holdstock, J. S. , Mayes, A. R. , Roberts, N. , Cezayirli, E. , Isaac, C. L. , O'reilly, R. C. , & Norman, K. A. , 2002, "Under What Conditions Is Recognition Spared Relative to Recall after Selective Hippocampal Damage in Humans?" *Hippocampus* 12 (3): 341 – 351.

［217］Holland, J. H. , Holyoak, K. J. , Nisbett, R. E. , & Thagard, P. R. , 1986, "Induction: Processes of Inference, Learning, and Discovery," *IEEE Expert* 2 (3): 92 – 93.

［218］Holyoak, K. J. , 1984, "Analogical Thinking and Human Intelligence,"

Advances in the Psychology of Human Intelligence 2: 199 - 230.

[219] Holyoak, K. J. , 1985, "The Pragmatics of Analogical Transfer," *The Psychology of Learning and Motivation* 19: 59 - 87.

[220] Holyoak, K. J. , 2005, "Analogy," in Holyoak, K. J. , & Morrison, R. G. (eds.), *Cambridge Handbook of Thinking and Reasoning*, Cambridge University Press, pp. 117 - 142.

[221] Holyoak, K. J. , 2012, "Analogy and Relational Reasoning," in *The Oxford Handbook of Thinking and Reasoning*, Oxford University Press, pp. 234 - 259.

[222] Holyoak, K. J. , & Koh, K. , 1987, "Surface and Structural Similarity in Analogical Transfer," *Memory & Cognition* 15 (4): 332 - 340.

[223] Holyoak, K. J. , & Thagard, P. , 1989, "Analogical Mapping by Constraint Satisfaction," *Cognitive Science* 13 (3): 295 - 355.

[224] Holyoak, K. J. , & Thagard, P. , 1997, "The Analogical Mind," *American Psychologist* 52: 35 - 44.

[225] Horton, D. L. , Pavlick, T. J. , & Moulin - Julian, M. W. , 1993, "Retrieval-based and Familiarity-based Recognition and the Quality of Information in Episodic Memory," *Journal of Memory and Language* 32 (1): 39 - 55.

[226] Howard, M. W. , & Kahana, M. J. , 2002, "When Does Semantic Similarity Help Episodic Retrieval?," *Journal of Memory and Language* 46 (1): 85 - 98.

[227] Hughlings-Jackson, J. , 1888, "On a Particular Variety of Epilepsy 'Intellectual Aura', One Case with Symptoms of Organic Brain Disease," *Brain* 11: 179 - 207.

[228] Hull, C. L. , 1933, *Hypnosis and Suggestibility*, Appleton Century.

[229] Hummel, J. E. , & Holyoak, K. J. , 1997, "Distributed Representations of Structure: A Theory of Analogical Access and Mapping," *Psychological Review* 104 (3): 427 - 466.

[230] Hummel, J. E. , & Holyoak, K. J. , 2003, "A Symbolic-connectionist

Theory of Relational Inference and Generalization," *Psychological Review* 110 (2): 220.

[231] Hutchison, K. A., 2003, "Is Semantic Priming Due to Association Strength or Feature Overlap? A Microanalytic Review," *Psychonomic Bulletin & Review* 10 (4): 785.

[232] Ingram, K. M., Mickes, L., & Wixted, J. T., 2012, "Recollection Can Be Weak and Familiarity Can Be Strong," *Journal of Experimental Psychology: Learning, Memory, and Cognition* 38 (2): 325.

[233] Jackson, J. H., 1888, "Remarks on the Diagnosis and Treatment of Diseases of the Brain," *British Medical Journal* 2 (1438): 59 – 63.

[234] Jacoby, L. L., 1978, "On Interpreting the Effects of Repetition: Solving a Problem Versus Remembering a Solution," *Journal of Verbal Learning & Verbal Behavior* 17 (6): 649 – 667.

[235] Jacoby, L. L., 1983, "Remembering the Data: Analyzing Interactive Processes in Reading," *Journal of Verbal Learning and Verbal Behavior* 22 (5): 485 – 508.

[236] Jacoby, L. L., 1988, "Memory Observed and Memory Unobserved," in *Remembering Reconsidered: Ecological and Traditional Approaches to the Study of Memory*, Cambridge University Press, pp. 145 – 177.

[237] Jacoby, L. L., 1991, "A Process Dissociation Framework: Separating Automatic from Intentional Uses of Memory," *Journal of Memory and Language* 30 (5): 513 – 541.

[238] Jacoby, L. L., Allan, L. G., Collins, J. C., & Larwill, L. K., 1988, "Memory Influences Subjective Experience: Noise Judgments," *Journal of Experimental Psychology: Learning, Memory, and Cognition* 14: 240 – 247.

[239] Jacoby, L. L., & Dallas, M., 1981, "On the Relationship between Autobiographical Memory and Perceptual Learning," *Journal of Experimental Psychology: General* 110: 306 – 340.

[240] Jacoby, L. L., & Kelley, C. M., 1992, "Unconscious Influences of Memory: Dissociations and Automaticity," in *The Neuropsychology of*

Consciousness, Academic Press, pp. 201 – 233.

[241] Jacoby, L. L. , Toth, J. P. , & Yonelinas, A. P. , 1993, "Separating Conscious and Unconscious Influences of Memory: Measuring Recollection," *Journal of Experimental Psychology: General* 122 (2): 139.

[242] Jacoby, L. L. , & Whitehouse, K. , 1989, "An Illusion of Memory: False Recognition Influenced by Unconscious Perception," *Journal of Experimental Psychology: General* 118: 126 – 135.

[243] Java, R. I. , Kaminska, Z. , & Gardiner, J. M. , 1995, "Recognition Memory and Awareness for Famous and Obscure Musical Themes," *European Journal of Cognitive Psychology* 7 (1): 41 – 53.

[244] Johnson, M. K. , Hashtroudi, S. , & Lindsay, D. S. , 1993, "Source Monitoring," *Psychological Bulletin* 114 (1): 3.

[245] Jones, T. C. , Brown, A. S. , & Atchley, P. , 2007, "Feature and Conjunction Effects in Recognition Memory: Toward Specifying Familiarity for Compound Words," *Memory & Cognition* 35: 984 – 998.

[246] Joordens, S. , & Hockley, W. E. , 2000, "Recollection and Familiarity through the Looking Glass: When Old Does Not Mirror New," *Journal of Experimental Psychology: Learning, Memory, and Cognition* 26 (6): 1534.

[247] Joordens, S. , & Merikle, P. M. , 1992, "False Recognition and Perception without Awareness," *Memory & Cognition* 20: 151 – 159.

[248] Joyce, C. A. , Paller, K. A. , McIsaac, H. K. , & Kutas, M. , 1998, "Memory Changes with Normal Aging: Behavioral and Electrophysiological Measures," *Psychophysiology* 35 (6): 669 – 678.

[249] Kiefer M, & Pulvermüller F. , 2012, "Conceptual Representations in Mind and Brain: Theoretical Developments, Current Evidence and Future Directions," *Cortex* 48 (7): 805 – 825.

[250] Koen, J. D. , & Yonelinas, A. P. , 2014, "The Effects of Healthy Aging, Amnestic Mild Cognitive Impairment, and Alzheimer's Disease on Recollection and Familiarity: A Meta-analytic Review," *Neuropsychology Review* 24 (3): 332 – 354.

［251］Kohn, S. D. , 1979, "Coping with Family Change," *National Elementary Principal* 59: 40 – 50.

［252］Kohr, R. L. , 1980, "A Survey of Psi Experiences among Members of a Special Population," *Journal of the American Society for Psychical Research* 74 (4): 395 – 411.

［253］Kolers, P. A. , 1973, "Remembering Operations," *Memory & Cognition* 1 (3): 347.

［254］Kolers, P. A. , 1975, "Memorial Consequences of Automatized Encoding," *Journal of Experimental Psychology: Human Learning and Memory* 1 (6): 689.

［255］Kolers, P. A. , 1976, "Reading a Year Later," *Journal of Experimental Psychology: Human Learning and Memory* 2 (5): 554.

［256］Kolers, P. A. , & Roediger III, H. L. R. , 1984, "Procedures of Mind," *Journal of Verbal Learning & Verbal Behavior* 23 (4): 425 – 449.

［257］Komatsu, L. K. , 1992, "Recent Views of Conceptual Structure," *Psychological Bulletin* 112 (3): 500 – 526.

［258］Konkel, A. , & Cohen, N. J. , 2009, "Relational Memory and the Hippocampus: Representations and Methods," *Frontiers in Neuroscience* 3 (2): 166.

［259］Konkel, A. , Warren, D. E. , Duff, M. C. , Tranel, D. , & Cohen, N. J. , 2008, "Hippocampal Amnesia Impairs All Manner of Relational Memory," *Frontiers in Human Neuroscience* 2: 15.

［260］Kostic, B. , & Cleary, A. M. , 2009, "Song Recognition without Identification: When People Cannot 'Name That Tune' but Can Recognize It as Familiar," *Journal of Experimental Psychology: General* 138: 146 – 159.

［261］Kostic, B. , Cleary, A. M. , Severin, K. , & Miller, S. W. , 2010, "Detecting Analogical Resemblance without Retrieving the Source Analogy," *Psychonomic Bulletin & Review* 17 (3): 405 – 411.

［262］Kostic, B. , McFarlan, C. C. , & Cleary, A. M. , 2012, "Extensions of the Survival Advantage in Memory: Examining the Role of Ancestral Context and Implied Social Isolation," *Journal of Experimental Psychology: Learning,*

Memory, and Cognition 38 （4）: 1091.

［263］ Kounios, J. , Kotz, S. A. , & Holcomb, P. J. , 2000, "On the Locus of the Semantic Satiation Effect: Evidence from Event – related Brain Potentials," *Mem Cognit* 28 （8）: 1366 – 1377.

［264］ Kuchinke, L. , Fritzemeier, S. , Hofmann, M. J. , & Jacobs, A. M. , 2013, "Neural Correlates of Episodic Memory: Associative Memory and Confidence Drive Hippocampus Activations," *Behavioural Brain Research* 254 （Complete）: 92 – 101.

［265］ Lakoff, G. , 1987, "Image Metaphors," *Metaphor & Symbol* 2 （3）: 219 – 222.

［266］ Lalande, A. , 1893, "Des Paramnesies," *Revue Philosophique* 36: 485 – 497.

［267］ Lane, S. M. , & Schooler, J. W. , 2004, "Skimming the Surface Verbal Overshadowing of Analogical Retrieval," *Psychological Science* 15 （11）: 715 – 719.

［268］ Langdon, R. , & Coltheart, M. , 2010, "The Cognitive Neuropsychology of Delusions," *Mind & Language* 15 （1）: 184 – 218.

［269］ Langley, M. M. , Cleary, A. M. , Kostic, B. N. , & Woods, J. A. , 2008, "Picture Recognition without Picture Identification: A Method for Assessing the Role of Perceptual Information in Familiarity–based Picture Recognition," *Acta Psychologica* 127 （1）: 103 – 113.

［270］ Leeds, E. T. , & Atkinson, R. J. C. , 1944, "An Anglo–saxon Cemetery at Nassington, Northants," *Antiquaries Journal* 24 （3 – 4）: 100 – 128.

［271］ Leeds, M. , 1944, "One Form of Paramnesia: The Illusion of Déjà vu," *Journal of the American Society for Psychical Research* 38: 24 – 42.

［272］ Levitan, H. , 1979, "The Role of Dreams in the Construction of Psychoneurotic Symptoms," *American Journal of Psychoanalysis* 39 （3）: 211 – 223.

［273］ Libby, L. A. , Yonelinas, A. P. , Ranganath, C. , & Ragland, J. D. , 2012, "Recollection and Familiarity in Schizophrenia: A Quantitative Review," *Biological Psychiatry* 73: 944 – 950.

［274］ Light, L. L. , & Prull, M. , 1995, "Aging, Divided Attention, and Repetition Priming," *Swiss Journal of Psychology* 54 （2）: 87 – 101.

[275] Lin, E. L., & Murphy, G. L., 2001, "Thematic Relations in Adults' Concepts," *Journal of Experimental Psychology General* 130 (1): 3.

[276] Lucas, H. D., Voss, J. L., & Paller, K. A., 2010, "Familiarity or Conceptual Priming? Good Question! Comment on Stenberg, Hellman, Johansson, and Rosén (2009)," *Journal of Cognitive Neuroscience* 22 (4): 615 –617.

[277] Luck, S. J., Vogel, E. K., & Shapiro, K. L., 1996, "Word Meanings Can be Accessed but Not Reported during the Attentional Blink," *Nature* 383 (6601): 616 –618.

[278] Luger, G. F., 1993, *Artificial Intelligence: Structures and Strategies for Complex Problem Solving*, Addison-Wesley Longman Publishing Co. Inc.

[279] MacGregor, J. N., & Chu, Y., 2011, "Human Performance on the Traveling Salesman and Related Problems: A Review," *The Journal of Problem Solving* 3 (2): 2.

[280] Mack, A., & Rock, I., 1998, "Inattentional Blindness: Perception without Attention," *Visual Attention* (8): 55 –76.

[281] Maguire, M. J., Brier, M. R., & Ferree, T. C., 2010, "Eeg Theta and Alpha Responses Reveal Qualitative Differences in Processing Taxonomic Versus Thematic Semantic Relationships," *Brain & Language* 114 (1): 16.

[282] Maguire, P., Maguire, R., & Cater, A. W. S., 2010, "The Influence of Interactional Semantic Patterns on the Interpretation of Noun–noun Compounds," *Journal of Experimental Psychology Learning Memory & Cognition* 36 (2): 288.

[283] Malmberg, K. J., Holden, J. E., & Shiffren, R. M., 2004, "Modeling the Effects of Repetitions, Similarity, and Normative Word Frequency on Old–new Recognition and Judgments of Frequency," *Journal of Experimental Psychology: Learning, Memory, and Cognition* 30 (2): 319.

[284] Mandler, G., 1980, "Recognizing: the Judgment of Previous Occurrence," *Psychological Review* 87 (3): 252 –271.

[285] Mandler, G. , 1991, "The Processing of Information Is not Conscious, but Its Products Often Are," *Behavioral & Brain Sciences* 14 (4): 688 – 689.

[286] Mandler, G. , 2008, "Familiarity Breeds Attempts: A Critical Review of Dual – process Theories of Recognition," *Perspectives on Psychological Science* 3 (5): 390 – 400.

[287] Markman, A. B. , & Gentner, D. , 1993, "Structural Alignment during Similarity Comparisons," *Cognitive Psychology* 25: 431 – 431.

[288] Markman, A. B. , & Gentner, D. , 2000, "Structure – mapping in the Comparison Process," *American Journal of Psychology* 113: 501 – 538.

[289] Markman, A. B. , & Wisniewski, E. J. , 1997, "Similar and Different," *Journal of Experimental Psychology Learning Memory & Cognition* 23 (1): 54 – 70.

[290] Marshall, G. N. , Wortman, C. B. , Kusulas, J. W. , Hervig, L. K. , & Vickers Jr, R. R. , 1992, "Distinguishing Optimism from Pessimism: Relations to Fundamental Dimensions of Mood and Personality," *Journal of Personality and Social Psychology* 62 (6): 1067.

[291] Martin, R. C. , & Cheng, Y. , 2005, "Selection Demands Versus Association Strength in the Verb Generation Task," *Psychonomic Bulletin & Review* 95 (1): 193 – 194.

[292] Mayer, B. & Merckelbach, H. , 1999, "Unconscious Processes, Sub-liminal Stimulation, and Anxiety," *Clinical Psychology Review* 19 (5): 571 – 590.

[293] Mayes, A. , Montaldi, D. , & Migo, E. , 2007, "Associative Memory and the Medial Temporal Lobes," *Trends in Cognitive Sciences* 11 (3): 126 – 135.

[294] Mayes, A. R. , Holdstock, J. S. , Isaac, C. L. , Hunkin, N. M. , & Roberts, N. , 2002, "Relative Sparing of Item Recognition Memory in a Patient with Adult – onset Damage Limited to the Hippocampus," *Hippocampus* 12 (3): 325 – 340.

[295] Mayes, A. R. , Holdstock, J. S. , Isaac, C. L. , Montaldi, D. , Grigor, J. , Gummer, A. , & Norman, K. A. , 2004, "Associative Recognition in a

Patient with Selective Hippocampal Lesions and Relatively Normal Item Recognition," *Hippocampus* 14 (6): 763 – 784.

[296] Mayes, A. R., Isaac, C. L., Holdstock, J. S., Hunkin, N. M., Montaldi, D. & Downes, J. J., et al., 2001, "Memory for Single Items, Word Pairs, and Temporal Order of Different Kinds in a Patient with Selective Hippocampal Lesions," *Cognitive Neuropsychology* 18 (2): 97 – 123.

[297] McCabe, D. P., Roediger III, H. L., & Karpicke, J. D., 2011, "Automatic Processing Influences Free Recall: Converging Evidence from the Process Dissociation Procedure and Remember – know Judgments," *Memory & Cognition* 39 (3): 389 – 402.

[298] McClenon, J., 1988, "A Survey of Chinese Anomalous Experiences and Comparison with Western Representative National Samples," *Journal for the Scientific Study of Religion* 27: 421 – 426.

[299] McClelland, J. L., & Chappell, M., 1998, "Familiarity Breeds Differentiation: A Subjective–likelihood Approach to the Effects of Experience in Recognition Memory," *Psychological Review* 105 (4): 724.

[300] McDougall, W., 1924, *Outline of Psychology*, Charles Scribner's Sons.

[301] McKoon, G., & Ratcliff, R., 1995, "Conceptual Combinations and Relational Contexts in Free Association and in Priming in Lexical Decision and Naming," *Psychonomic Bulletin & Review* 2 (4): 527 – 533.

[302] Meagher, D., & Education, P. S., 2008, "Miller Anal Metacognition: Taking Time to Get to Know One's Structural Knowledge," *Consciousness and Cognition* 22 (1): 123 – 136.

[303] Mealor, A. D., & Dienes, Z., 2013, *Conscious and Unconscious: Passing Judgment*, University of Sussex.

[304] Medin, D. L., 1989, "Concepts and Conceptual Structure," *Am Psychol* 44 (12): 1469 – 1481.

[305] Medin, D. L., & Ortony, A., 1989, "Psychological Essentialism," in Vosniadou, S. & Ortony, A. (eds.), *Similarity and Analogical Reasoning*, Cambridge University Press, pp. 179 – 195.

[306] Medin, D. L., & Ross, B. H., 1989, "The Specific Character of Abstract Thought: Categorization, Problem Solving, and Induction," *Advances in the Psychology of Human Intelligence* 5: 189 –223.

[307] Medin, D. L., & Smith, E. E., 1981, "Strategies and Classification Learning," *Journal of Experimental Psychology Human Learning & Memory* 7 (4): 241 –253.

[308] Merikle, P. M., Smilek, D., & Eastwood, J. D., 2001, "Perception without Awareness: Erspectives from Cognitive Psychology," *Cognition* 79: 115 –134.

[309] Mervis, C. B., & Crisafi, M. A., 1982, "Order of Acquisition of Subordinate–, Basic–, and Superordinate–level Categories," *Child Development* 53 (1): 258 –266.

[310] Mickes, L., Hwe, V., Wais, P. E., & Wixted, J. T., 2011, "Strong Memories Are Hard to Scale," *Journal of Experimental Psychology*: *General* 140 (2): 239.

[311] Mickes, L., Seale–Carlisle, T. M., & Wixted, J. T., 2013, "Rethinking Familiarity: Remember/Know Judgments in Free Recall," *Journal of Memory and Language* 68 (4): 333 –349.

[312] Mickes, L., Wais, P. E., & Wixted, J. T., 2009, "Recollection Is a Continuous Process Implications for Dual–Process Theories of Recognition Memory," *Psychological Science* 20 (4): 509 –515.

[313] Miller, G. A., 1947, "Sensitivity to Changes in the Intensity of White Noise and Its Relation to Masking and Loudness," *The Journal of the Acoustical Society of America* 19 (4): 609 –619.

[314] Minsky, M. L., 1986, *Society of Mind*, The Folio Society.

[315] Mitchell, K. J., & Johnson, M. K., 2000, "Source Monitoring: Attributing Mental Experiences," in Tulving, E., & Craik, F. I. M. (eds.), *The Oxford Handbook of Memory*, Oxford University Press, pp. 179 –195.

[316] Mäntylä, T., 1993, "Priming Effects in Prospective Memory," *Memory*

1 (3): 203 – 218.

[317] Morris, C. D. , Bransford, J. D. , & Franks, J. J. , 1977, "Levels of Processing Versus Transfer Appropriate Processing," *Journal of Verbal Learning & Verbal Behavior* 16 (5): 519 – 533.

[318] Moulin, C. J. , Souchay, C. , & Morrisb, R. G. , 2013, "The Cognitive Neuropsychology of Recollection," *Cortex* 49 (6): 1445 – 1451.

[319] Mugavin, M. E. , 2008, "Multidimensional Scaling: A Brief Overview," *Nursing Research* 57 (1): 64 – 68.

[320] Mulligan, N. W. , 1999, "The Effects of Perceptual Interference at Encoding on Organization and Order: Investigating the Roles of Item–specific and Relational Information," *Journal of Experimental Psychology Learning Memory & Cognition* 25 (1): 54 – 69.

[321] Mulligan, N. W. , & Hornstein, S. L. , 2000, "Attention and Perceptua Implicit Memory," *Journal of Experimental Psychology: Learning, Memory, and Cognition* 26: 626 – 637.

[322] Murphy, D. J. , 2001, "The Biogenesis and Functions of Lipid Bodies in Animals, Plants and Microorganisms," *Progress in Lipid Research* 40 (5): 325 – 438.

[323] Myers, D. H. , & Grant, G. , 1972, "A Study of Depersonalization in Students," *Br J Psychiatry* 121 (560): 59 – 65.

[324] Nairne, J. S. , & Pandeirada, J. N. , 2010, "Adaptive Memory: Ancestral Priorities and the Mnemonic Value of Survival Processing," *Cognitive Psychology* 61 (1): 1 – 22.

[325] Nation, K. , & Snowling, M. J. , 1999, "Developmental Differences in Sensitivity to Semantic Relations among Good and Poor Comprehenders: Evidence from Semantic Priming," *Cognition* 70 (1): B1 – 13.

[326] Needham, D. R. , & Begg, I. M. , 1991, "Problem–oriented Training Promotes Spontaneous Analogical Transfer: Memory – oriented Training Promotes Memory for Training," *Memory & Cognition* 19 (6): 543 – 557.

[327] Nelson, D. L. , Bajo, M. T. , McEvoy, C. L. , & Schreiber, T. A. ,

1989，"Prior Knowledge: The Effects of Natural Category Size on Memory for Implicitly Encoded Concepts," *Journal of Experimental Psychology Learning Memory & Cognition* 15 (5): 957.

[328] Nelson, P., 1974, "Advertising as Information," *Journal of Political Economy* 82 (4): 729 – 754.

[329] Neppe, V. M., 1983, "Carbamazepine as Adjunctive Treatment in Nonepileptic Chronic Inpatients with EEG Temporal Lobe Abnormalities," in *Photopolymerization of Surface Coatings*, Wiley.

[330] Nisbett, R. E., Fong, G. T., Lehman, D. R., & Cheng, P. W., 1987, "Teaching Reasoning," *Science* 238 (4827): 625 – 631.

[331] Nisbett, R. E., & Masuda, T., 2003, "Culture and Point of View," *Proceedings of the National Academy of Sciences of the United States of America* 100 (19): 11163 – 11170.

[332] Niscbett, R. E., Peng, K., Choi, I., & Norenzayan, A., 2001, "Culture and Systems of Thought: Holistic Versus Analytic Cognition," *Psychological Review* 108 (2): 291.

[333] Nissen, M. J., & Bullemer, P., 1987, "Attentional Requirements of Learning: Evidence from Performance Measures," *Cognitive Psychology* 19 (1): 1 – 32.

[334] Nobel, P. A., & Shiffrin, R. M., 2001, "Retrieval Processes in Recognition and Cued Recall," *Journal of Experimental Psychology: Learning, Memory, and Cognition* 27 (2): 384.

[335] Novick, L. R., & Holyoak, K. J., 1991, "Mathematical Problem Solving by Analogy," *Journal of Experimental Psychology: Learning, Memory, and Cognition* 17 (3): 398.

[336] O'Connor, A. R., Barnier, A. J., & Cox, R. E., 2008, "Déjà vu in the Laboratory: A Behavioral and Experiential Comparison of Posthypnotic Amnesia and Posthypnotic Familiarity," *International Journal of Clinical & Experimental Hypnosis* 56 (4): 425 – 450.

[337] O'Connor, A. R., & Moulin, C. J. A., 2008, "The Persistence of

Erroneous Familiarity in an Epileptic Male: Challenging Perceptual Theories of Déjà vu Activation," *Brain & Cognition* 68 (2): 144 – 147.

[338] Old, S. R. , & Navehbenjamin, M. , 2008, "Memory for People and Their Actions: Further Evidence for an Age–related Associative Deficit," *Psychology & Aging* 23 (2): 467.

[339] Osborn, H. F. , 1884, "Illusions of Memory," *North American Review* 138: 476 – 486.

[340] Paivio, A. , 1974, "Spacing of Repetitions in the Incidental and Intentional Free Recall of Pictures and Words 1," *Journal of Verbal Learning & Verbal Behavior* 13 (5): 497 – 511.

[341] Paivio, A. , 1975, "Perceptual Comparisons Through the Mind's Eye," *Memory & Cognition* 3 (6): 635 – 647.

[342] Paivio, A. , 1991, "Dual Coding Theory: Retrospect and Current Status," *Canadian Journal of Psychology/Revue Canadienne de Psychologie* 45 (3): 255.

[343] Palmer, J. , 1979, "A Community Mail Survey of Psychic Experiences," *Journal of the American Society for Psychical Research* 73: 221 – 251.

[344] Parkin, A. J. , Gardiner, J. M. , & Rosser, R. , 1995, "Functional Aspects of Recollective Experience in Face Recognition," *Consciousness and Cognition* 4 (4): 387 – 398.

[345] Peynircioğlu, Z. F. , 1990, "A Feeling–of–recognition without Identification," *Journal of Memory & Language* 29 (4): 493 – 500.

[346] Piaget, J. , 1952, "The Origins of Intelligence in Children," *American Journal of Psychiatry* 120 (9): 934.

[347] Piaget, J. , 1964, "Part i: Cognitive Development in Children: Piaget Development and Learning," *Journal of Research in Science Teaching* 2 (3): 176 – 186.

[348] Piaget, J. , Montangero, J. & Billeter, J. , 1977, "The Formation of Analogies," in Campbell, R. (ed.), *Studies in Reflecting Abstraction*, Psychology Press.

[349] Poetzl, O. , 1960, "The Relationship between Experimentally Induced

Dream Images and Indirect Vision," *Psychological Issues* 2 (3): 41 –120.

[350] Polanyi, M. , 1958, *Personal Knowledge: Toward a Post-critical Philosophy*, Routledge and Kegan Paul.

[351] Polanyi, M. , 1966, "The Logic of Tacit Inference," *Philosophy* 41 (155): 1 –18.

[352] Pomerantz, J. R. , 1977, "Pattern Goodness and Speed of Encoding," *Memory & Cognition* 5 (2): 235 –241.

[353] Pomerantz, J. R. , 1983, "Global and Local Precedence: Selective Attention in Form and Motion Perception," *Journal of Experimental Psychology General* 112 (4): 516 –540.

[354] Pulvermüller, F. , Shtyrov, Y. , & Ilmoniemi, R. , 2005, "Brain Signatures of Meaning Access in Action Word Recognition," *J Cogn Neurosci* 17 (6): 884 –892.

[355] Quamme, J. R. , Yonelinas, A. P. , & Norman, K. A. , 2007, "Effect of Unitization on Associative Recognition in Amnesia," *Hippocampus* 17 (3): 192.

[356] Raaijmakers, J. G. , & Shiffrin, R. M. , 1992, "Models for Recall and Recognition," *Annual Review of Psychology* 43: 205 –234.

[357] Rajaram, S. , & Roediger, H. L. , 1993, "Direct Comparison of Four Implicit Memory Tests," *Journal of Experimental Psychology Learning Memory & Cognition* 19 (19): 765 –776.

[358] Ratcliff, R. , 1990, "Connectionist Models of Recognition Memory: Constraints Imposed by Learning and Forgetting Functions," *Psychological Review* 97 (2): 285 –308.

[359] Ratcliff, R. , & McKoon, G. , 1995, "Bias in the Priming of Object Decisions," *Journal of Experimental Psychology Learning Memory & Cognition* 21 (3): 754.

[360] Ratcliff, R. , Van Zandt, T. , & McKoon, G. , 1995, "Process Dissociation, Single - process Theories, and Recognition Memory," *Journal of Experimental Psychology: General* 124 (4): 352.

[361] Raven, J. C., 1938, *Progressive Matrices: A Perceptual Test of Intelligence*, HK Lewis.

[362] Reber, A. S., 1967, "Implicit Learning of Artificial Grammars," *Journal of Verbal Learning and Verbal Behavior* 6 (6): 855 – 863.

[363] Reder, L. M., Nhouyvanisvong, A., Schunn, C. D., Ayers, M. S., Angstadt, P., & Hiraki, K., 2000, "A Mechanistic Account of the Mirror Effect for Word Frequency: A Computational Model of Remember-know Judgments in a Continuous Recognition Paradigm," *Journal of Experimental Psychology: Learning, Memory, and Cognition* 26 (2): 294.

[364] Reed, S. K., 1974, "Structural Descriptions and the Limitations of Visual Images," *Memory & Cognition* 2 (2): 329 – 336.

[365] Reed, S. K., 1989, "Transfer on Trial: Intelligence, Cognition and Instruction," in Singley, K. and Anderson, J. R. (eds.), *The Transfer of Cognitive Skill*, Harvard University Press, p. 39.

[366] Reed, S. K., Ackinclose, C. C., & Voss, A. A., 1990, "Selecting Analogous Problems: Similarity Versus Inclusiveness," *Memory & Cognition* 18 (1): 83 – 98.

[367] Reed, S. K., & Bolstad, C. A., 1991, "Use of Examples and Procedures in Problem Solving," *Journal of Experimental Psychology: Learning, Memory, and Cognition* 17 (4): 753 – 766.

[368] Reeves, L. M., & Weisberg, R. W., 1990, "Analogical Transfer in Problem Solving: Schematic Representations and Cognitive Processes," in Meeting of the Eastern Psychological Association, Philadelphia, PA.

[369] Reeves, L. M., & Weisberg, R. W., 1993, "On the Concrete Nature of Human Thinking: Content and Context in Analogical Transfer," *Educational Psychology* 13 (3 – 4): 245 – 258.

[370] Reeves, L. M., & Weisberg, R. W., 1994, "The Role of Content and Abstract Information in Analogical Transfer," *Psychological Bulletin* 115 (3): 381 – 400.

[371] Reicher, G. M., 1969, "Perceptual Recognition as a Function of

Meaninfulness of Stimulus Material," *J Exp Psychol* 81 (2): 275 – 280.

[372] Rhodes, S. M. , & Donaldson, D. , 2008, "Electrophysiological Evidence for the Effect of Interactive Imagery on Episodic Memory: Encou raging Familiarity for Non – unitized Stimuli during Associative Recognition," *Neuroimage* 39 (2): 873 – 884.

[373] Richardson – klavehn, A. , Gardiner, J. M. , & Java, R. I. , 1996, "Memory: Task Dissociations, Process Dissociations and Dissociations of Consciousness," in Underwood, G. (ed.), *Implicit Cognition*, Oxford University Press, pp. 85 – 158.

[374] Richardson, T. F. , & Winokur, G. , 1967, "Déjà vu in Psychiatric and Neurosurgical Patients," *Archives of General Psychiatry* 17 (5): 622 – 625.

[375] Roe, J. , 1990, "Elliptic Operators, Topology and Asymptotic Methods," *Acta Applicandae Mathematica* 20 (1 – 2): 193 – 194.

[376] Roediger, H. L. , 1990, "Implicit Memory: Retention without Re-membering," *American Psychologist* 45 (9): 1043 – 1056.

[377] Roediger, H. L. , 1996, "Memory Illusions," *Journal of Memory and Language* 35: 76 – 100.

[378] Roediger, H. L. , & Blaxton, T. A. , 1987, "Effects of Varying Modality, Surface Features, and Retention Interval on Priming in Word–fragment Completion," *Mem Cognit* 15 (5): 379 – 388.

[379] Roediger, H. L. , & McDermott, K. B. , 1994, "The Problem of Differing False–alarm Rates for the Process Dissociation Procedure: Comment on Verfaellie and Treadwell," *Neuropsychology* 8 (2): 284 – 288.

[380] Roediger III, H. L. , & McDermott, K. B. , 1993, "Implicit Memory in Normal Human Subjects," *Handbook of Neuropsychology* 8: 63 – 131.

[381] Roediger III, H. L. , Weldon, M. S. , & Challis, B. H. , 1989, "Ex-plaining Dissociations between Implicit and Explicit Measures of Reten-tion: A Processing Account," in Roediger III, H. L. , & Craik, F. I. M. (eds.), *Varieties of Memory and Consciousness: Essays in Honour of Endel Tulving*, Erlbaum, pp. 3 – 41.

［382］ Rosalind I. Java, Kaminska, Z. , & Gardiner, J. M. , 1995, "Recognition Memory and Awareness for Famous and Obscure Musical Themes," *Journal of Cognitive Psychology* 7 (1): 41 –53.

［383］ Rosas, R. , Ceric, F. , Tenorio, M. , Mourgues, C. , Thibaut, C. , Hurtado, E. , & Aravena, M. T. , 2010, "ADHD Children Outperform Normal Children in an Artificial Grammar Implicit Learning Task: ERP and RT Evidence," *Consciousness and Cognition* 19 (1): 341 –351.

［384］ Rosch, E. , 1999, "Reclaiming Concepts," *Journal of Consciousness Studies* 6 (11 –12): 61 –77.

［385］ Rosch, E. , 2002, "Principles of Categorization," in Levitin, D. J. (ed.), *Foundations of Cognitive Psychology: Core Readings*, MIT Press, pp. 251 –270.

［386］ Rosch, E. , 2008, "Toward an Ecological Theory of Concepts," *Ecological Psychology* 20 (1): 84 –116.

［387］ Rosch, E. , & Lloyd, B. B. , 1975, "Cognition and Categorization," *American Journal of Psychology* 92 (3): 312 –322.

［388］ Rosch, E. , & Mervis, C. B. , 2015, "Family Resemblances: Studies in the Structure of Categories," *Cognitive Psychology* 7: N/A.

［389］ Rosch, E. , Simpson, C. , & Miller, R. S. , 1976, "Structural Bases of Typicality Effects," *Journal of Experimental Psychology Human Perception & Performance* 2 (4): 491 –502.

［390］ Rosch, E. H. , 1973, "Natural Categories," *Cognitive Psychology* 4 (3): 328 –350.

［391］ Rosch, G. D. , 1978, "International Communications for the Law Firm," *American Bar Association Journal* 64 (11): 1777 –1779.

［392］ Rosman, B. , & Ramamoorthy, S. , 2011, "Learning Spatial Relationships between Objects," *The International Journal of Robotics Research* 30 (11): 1328 –1342.

［393］ Ross, B. H. , 1984, "Remindings and Their Effects in Learning a Cognitive Skill," *Cognitive psychology* 16 (3): 371 –416.

［394］ Ross, B. H. , 1987, "This Is Like That: The Use of Earlier Problems and the Separation of Similarity Effects," *Journal of Experimental Psychology: Learning, Memory, and Cognition* 13 (4): 629.

［395］ Ross, B. H. , 1989, "Distinguishing Types of Superficial Similarities: Different Effects on the Access and Use of Earlier Problems," *Journal of Experimental Psychology Learning Memory & Cognition* 15 (3): 456 –468.

［396］ Ross, B. H. , & Kennedy, P. T. , 1990, "Generalizing from the Use of Earlier Examples in Problem Solving," *Journal of Experimental Psychology: Learning, Memory, and Cognition* 16 (1): 42.

［397］ Ross, C. A. , & Joshi, S. , 1992, "Paranormal Experiences in the General Population," *Journal of Nervous and Mental Disease* 180: 357 –361.

［398］ Rotello, C. M. , & Heit, E. , 1999, "Two-process Models of Recognition Memory: Evidence for Recall-to-reject?" *Journal of Memory and Language* 40 (3): 432 –453.

［399］ Rowe, E. J. , & Paivio, A. , 1971, "Imagery and Repetition Instructions in Verbal Discrimination and Incidental Paired – associate Learning," *Journal of Verbal Learning & Verbal Behavior* 10 (6): 668 –672.

［400］ Rugg, M. D. , Mark, R. E. , Walla, P. , Schloerscheidt, A. M. , Birch, C. S. , & Allan, K. , 1998, "Dissociation of the Neural Correlates of Implicit and Explicit Memory," *Nature* 392 (6676): 595.

［401］ Rugg, M. D. , Vilberg, K. L. , Mattson, J. T. , Yu, S. S. , Johnson, J. D. , & Suzuki, M. , 2012, "Item Memory, Context Memory and the Hippocampus: fMRI Evidence," *Neuropsychologia* 50 (13): 3070 –3079.

［402］ Rumelhart, D. E. , 1989, "Toward a Microstructural Account of Human Reasoning," in Vosniadou, S. , & Ortony, A. (eds.), *Similarity and Analogical Reasoning*, Cambridge University Press, pp. 298 – 312.

［403］ Rumelhart, D. E. , & McClelland, J. L. , 1986, "PDP Models and General Issues in Cognitive Science," in *Parallel Distributed Processing: Explorations in the Microstructure of Cognition*, The MIT Press, pp. 110 – 146.

［404］ Ryals, A. J. , & Cleary, A. M. , 2012, "The Recognition without

Cued Recall Phenomenon: Support for a Feature-matching Theory over a Partial Recollection Account," *Journal of Memory and Language* 66 (4): 747-762.

[405] Ryals, A. J., Cleary, A. M., & Seger, C. A., 2013, "Recall Versus Familiarity When Recall Fails for Words and Scenes: The Differential Roles of the Hippocampus, Perirhinal Cortex, and Category-specific Cortical Regions," *Brain Research* 1492: 72-91.

[406] Ryals, A. J., Yadon, C. A., Nomi, J. S., & Cleary, A. M., 2011, "When Word Identification Fails: ERP Correlates of Recognition without Identification and of Word Identification Failure," *Neuropsychologia* 49 (12): 3224-3237.

[407] Ryan, J. D., Althoff, R. R., Whitlow, S., & Cohen, N. J., 2000, "Amnesia Is a Deficit in Relational Memory," *Psychological Science* 11 (6): 454-461.

[408] Sachs, O., Weis, S., Zellagui, N., Huber, W., Zvyagintsev, M., & Mathiak, K., et al., 2008, "Automatic Processing of Semantic Relations in Fmri: Neural Activation during Semantic Priming of Taxonomic and Thematic Categories," *Brain Research* 1218 (28): 194-205.

[409] Scarborough, D. L., Gerard, L., & Cortese, C., 1979, "Accessing Lexical Memory: The Transfer of Word Repetition Effects Across Task and Modality," *Memory & Cognition* 7 (1): 3-12.

[410] Schacter, D. L., 1985, "Priming of Old and New Knowledge in Amnesic Patients and Normal Subjects," *Annals of the New York Academy of Sciences* 444: 41-53.

[411] Schacter, D. L., 1987a, "Implicit Memory: History and Current Status," *Journal of Experimental Psychology: Learning, Memory, and Cognition* 13 (3): 501-518.

[412] Schacter, D. L., 1987b, "On the Relation between Memory and Consciousness: Dissociable Interactions and Conscious Experience," The Conference on Memory and Memory Dysfunction, Toronto, Ontario,

Canada.

[413] Schacter, D. L. , Cooper, L. A. , & Delaney, S. M. , 1990, "Implicit Memory for Unfamiliar Objects Depends on Access to Structural Descriptions," *Journal of Experimental Psychology General* 119 (1): 5 – 24.

[414] Schacter, D. L. , & Graf, P. , 1986a, "Effects of Elaborative Processing on Implicit and Explicit Memory for New Associations," *Journal of Experimental Psychology*: *Learning, Memory, and Cognition* 12: 432 – 444.

[415] Schacter, D. L. , & Graf, P. , 1986b, "Preserved Learning in Amnesic Patients: Perspectives from Research on Direct Priming," *Journal of Clinical and Experimental Neuropsychology* 8: 727 – 743.

[416] Schacter, D. L. , Harbluk, J. L. , & McLaughlin, D. R. , 1984, "Retrieval without Recollection: An Experimental Analysis of Source Amnesia," *Journal of Verbal Learning and Verbal Behavior* 23: 593 – 611.

[417] Schacter, D. L. , & Tulving, E. , 1994, "What Are the Memory Systems of 1994?" in Schacter, D. L. , & Tulving, E. (eds.), *Memory Systems*, MIT Press, pp. 1 – 38.

[418] Schank, R. C. , 1982, *Dynamic Memory*: *A Theory of Learning in Computer and People*, Cambridge University Press.

[419] Schank, R. C. , & Abelson, R. P. , 1975, "Scripts, Plans, and Knowledge," Proceedings of the 4th International Joint Conference on Artificial Intelligence, pp. 151 – 157.

[420] Schank, R. C. , & Abelson, R. P. , 1977, "Scripts, Plans, Goals and Understanding, An Inquiry into Human Knowledge Structures," *American Journal of Psychology* 54 (3): 176.

[421] Schendel, J. D. , & Shaw, P. , 1976, "A Test of the Generality of the Word-context Effect," *Perception & Psychophysics* 19 (5): 383 – 393.

[422] Schunn, C. D. , & Dunbar, K. , 1996, "Priming, Analogy, and Awareness in Complex Reasoning," *Memory & Cognition* 24 (3): 271 – 284.

[423] Seger, C. A. , 1994, "Implicit Learning," *Psychological Bulletin* 115 (2): 163.

[424] Shiffrin, R. M. , & Steyvers, M. , 1997, "A Model for Recognition

Memory: REM-retrieving Effectively from Memory," *Psychonomic Bulletin & Review* 4 (2): 145 - 166.

[425] Simmons, S., & Estes, Z., 2008, "Individual Differences in the Perception of Similarity and Difference," *Cognition* 108 (3): 781 - 795.

[426] Slamecka, N. J., 1985, "Ebbinghaus: Some Associations," *Journal of Experimental Psychology: Learning, Memory, and Cognition* 11: 414 - 435.

[427] Slamecka, N. J., & Graf, P., 1978, "The Generation Effect: Delineation of a Phenomenon," *Journal of Experimental Psychology Human Learning & Memory* 4 (6): 592 - 604.

[428] Smith, E. E., Medin, D. L., & Rips, L. J., 1984, "A Psychological Approach to Concepts: Comments on Rey's ' Concepts and Stereotypes'," *Cognition* 17 (3): 265 - 274.

[429] Sno, H. N., 1994, "A Continuum of Misidentification Symptoms," *Psychopathology* 27: 144 - 147.

[430] Sno, H. N., 2000, "Déjà vu and jamais vu," in Berrios, G. E., & Hodges, J. R. (eds.), *Memory Disorders in Psychiatric Practice Berrios*, Cambridge University Press, pp. 338 - 347.

[431] Sno, H. N., & Draaisma, D., 1993, "An Early Dutch Study of Déjà vu Experiences," *Psychological Medicine* 23 (1): 17 - 26.

[432] Sno, H. N., & Linszen, D. H., 1991, "Dr. Sno and Dr. Linszen Reply," *American Journal of Psychiatry* 148 (7): 952.

[433] Sno, H. N., Linszen, D. H., & De, J. F., 1992, "Deja vu Experiences and Reduplicative Paramnesia," *Br J Psychiatry* 161 (4): 565 - 568.

[434] Sno, H. N., Schalken, H. F., & De, J. F., 2014, "Empirical Research on Déjà vu Experiences: A Review," *Behavioural Neurology* 5 (3): 155.

[435] Sno, H. N., Schalken, H. F., De, J. F., & Koeter, M. W., 1994, "The Inventory for Déjà vu Experiences Assessment. Aevelopment, Utility, Reliability, and Validity," *Journal of Nervous & Mental Disease* 182 (1): 27.

[436] Snyder, H. R., & Munakata, Y., 2008, "So Many Options, So Little

Time: The Roles of Association and Competition in Underdetermined Responding," *Psychonomic Bulletin & Review* 15 (6): 1083.

[437] Soei, E., & Daum, I., 2008, "Course of Relational and Non-relational Recognition Memory Across the Adult Lifespan," *Learning & Memory* 15 (1): 21 -28.

[438] Spellman, B. A., Holyoak, K. J., & Morrison, R. G., 2001, "Analogical Priming Via Semantic Relations," *Memory & Cognition* 29 (3): 383 -393.

[439] Squire, L. R., Cohen, N. J., & Nadel, L., 1984, "The Medial Temporal Region and Memory Consolidation: A New Hypothesis," in Weingartner, H., & Parker, E. S. (eds.), *Memory Consolidation: Psychobiology of Cognition*, pp. 185 -210.

[440] Stark, C., & Squire, L. R., 2000, "Recognition Memory and Familiarity Judgments in Severe Amnesia: No Evidence for a Contribution of Repetition Priming," *Behavioral Neuroscience* 114 (3): 459.

[441] Stenberg, G., Hellman, J., Johansson, M., & Rosén, I., 2009, "Familiarity or Conceptual Priming: Event-related Potentials in Name Recognition," *Journal of Cognitive Neuroscience* 21 (3): 447 -460.

[442] Stenberg, G., Johansson, M., Hellman, J., & Rosén, I., 2010, "Do You See Yonder Cloud? —On Priming Concepts, a New Test, and a Familiar Outcome. Reply to Lucas et al. 'Familiarity or Conceptual Priming? Good Question! Comment on Stenberg, Hellman, Johansson, and Rosén (2009)'," *Journal of Cognitive Neuroscience* 22 (4): 618 -620.

[443] Stenberg, G., Lindgren, M., Johansson, M., Olsson, A., & Rosén, I., 2000, "Semantic Processing without Conscious Identification: Evidence from Event-related Potentials," *Journal of Experimental Psychology: Learning, Memory, and Cognition* 26 (4): 973.

[444] Sternberg, R. J., 1977, *Intelligence, Information Processing, and Analogical Reasoning*, Erlbaum.

[445] Sternberg, R. J., 2000, "Cognition: The Holey Grail of General

Intelligence," *Science* 289 (5478): 399 – 401.

[446] Sternberg, R. J., & Nigro, G., 1980, "Developmental Patterns in the Solution of Verbal Analogies," *Child Development* 51 (1): 27 – 38.

[447] Storms, L. H., 1958, "Apparent Backward Association: A Situational Effect," *Journal of Experimental Psychology* 55 (4): 390.

[448] Tanaka, J. W., & Taylor, M., 1991, "Object Categories and Expertise: Is the Basic Level in the Eye of the Beholder?" *Cognitive Psychology* 23 (3): 457 – 482.

[449] Taylor, J. R., 2003, *Cognitive Grammar*, Oxford Textbooks in Linguistics, pp. 538 – 542.

[450] Taylor, J. R., & Henson, R. N., 2012, "Could Masked Conceptual Primes Increase Recollection? The Subtleties of Measuring Recollection and Familiarity in Recognition Memory," *Neuropsychologia* 50 (4): 3027 – 3072.

[451] Thagard, P., Cohen, D. M., & Holyoak, K. J., 1989, "Chemical Analogies: Two Kinds of Explanation," in *International Joint Conference on Artificial Intelligence* (Vol. 154–156), Morgan Kaufmann Publishers Inc., pp. 819 – 824.

[452] Thagard, P., Holyoak, K. J., Nelson, G., & Gochfeld, D., 1990, "Analog Retrieval by Constraint Satisfaction," *Artificial Intelligence* 46 (3): 259 – 310.

[453] Thorndike, E. L., & Rock, R. T. Jr., 1934, "Learning Without Awareness of What Is Being Learned or Intent to Learn It," *Journal of Experimental Psychology* 17: 1 – 19.

[454] Trolier, T. K., & Hamilton, D. L., 1986, "Variables Influencing Judgments of Correlational Relations," *Journal of Personality & Social Psychology* 50 (50): 879 – 888.

[455] Tulving, E., 1968, "When Is Recall Higher than Recognition?" *Psychonomic Science* 10 (2): 53 – 54.

[456] Tulving, E., 1972, "Episodic and Semantic Memory," in Tulving,

E. , & Donaldson, W. (eds.), *Organization of Memory*, Academic Press, pp. 381 – 402.

[457] Tulving, E. , 1982, "Synergistic Ecphory in Recall and Recognition," *Canadian Journal of Psychology Revue Canadienne De Psychologie* 36 (2): 130 – 147.

[458] Tulving, E. , 1985a, "How Many Memory Systems Are There?" *American Psychologist* 40 (4): 385.

[459] Tulving E. , 1985b, "Memory and Consciousness," *Canadian Psychology* 26: 1 – 12.

[460] Tulving, E. , & Donaldson, W. , 1972, *Organization of Memory*, Academic Press.

[461] Tulving, E. , Mandler, G. , & Baumal, R. , 1964, "Interaction of Two Sources of Information in Tachistoscopic Word Recognition," *Canadian Journal of Psychology* 18 (1): 62.

[462] Tulving, E. , & Schacter, D. L. , 1990, "Priming and Human Memory Systems," *Science* 247 (4940): 301 – 306.

[463] Tulving, E. , Schacter, D. L. , & Stark, H. A. , 1982, "Priming Effects in Word-fragment Completion Are Independent of Recognition Memory," *Journal of Experimental Psychology Learning Memory & Cognition* 9 (4): 336 – 342.

[464] Turriziani, P. , Fadda, L. , Caltagirone, C. , & Carlesimo, G. A. , 2004, "Recognition Memory for Single Items and for Associations in Amnesic Patients," *Neuropsychologia* 42 (4): 426 – 433.

[465] Tversky, B. , & Hemenway, K. , 1984, "Objects, Parts, and Categories," *J Exp Psychol Gen* 113 (2): 169 – 197.

[466] Varghakhadem, F. , Gadian, D. G. , Watkins, K. E. , Connelly, A. , Paesschen, W. V. , & Mishkin, M. , 1997, "Differential Effects of Early Hippocampal Pathology on Episodic and Semantic Memory," *Science* 277 (5324): 376.

[467] Vokey, J. R. , & Higham, P. A. , 1999, "Implicit Knowledge as Auto-

matic, Latent Knowledge," *Behavioral and Brain Sciences* 22: 787 – 788.

[468] Voss, J. L., & Federmeier, K. D., 2011, "FN 400 Potentials Are Functionally Identical to N 400 Potentials and Reflect Semantic Processing during Recognition Testing," *Psychophysiology* 48 (4): 532 – 546.

[469] Voss, J. L., Hauner, K. K., & Paller, K. A., 2009, "Establishing a Relationship between Activity Reduction in Human Perirhinal Cortex and Priming," *Hippocampus* 19 (9): 773 – 778.

[470] Voss, J. L., Lucas, H. D., & Paller, K. A., 2010, "Conceptual Priming and Familiarity: Different Expressions of Memory during Recognition Testing with Distinct Neurophysiological Correlates," *Journal of Cognitive Neuroscience* 22 (11): 2638 – 2651.

[471] Voss, J. L., & Paller, K. A., 2009, "An Electrophysiological Signature of Unconscious Recognition Memory," *Nature Neuroscience* 12: 349 – 355.

[472] Vygotsky, L. S., 1962, "The Genetic Roots of Thought and Speech," in *Thought and Language*, The MIT Press.

[473] Wagner, A. D., & Gabrieli, J. D. E., 1998, "On the Relationship between Recognition Familiarity and Perceptual Fluency: Evidence for Distinct Mnemonic Processes," *Acta Psychol* 98 (2 – 3): 211 – 230.

[474] Wagner, A. D., Gabrieli, J. D. E., & Verfaellie, M., 1997, "Dissociations between Familiarity Processes in Explicit Recognition and Implicit Perceptual Memory," *Journal of Experimental Psychology – Learning Memory and Cognition* 23 (2): 305 – 323.

[475] Wais, P. E., 2013, "The Limited Usefulness of Models Based on Recollection and Familiarity," *Journal of Neurophysiology* 109 (7): 1687 – 1689.

[476] Wallisch, P., 2007, "The Déjà vu Experience as Episodic Source Memory Failure," The 79th Annual Meeting of the Midwestern Psychological Association, Chicago.

[477] Wang, W. C., & Yonelinas, A. P., 2012, "Familiarity Is Related to Conceptual Implicit Memory: An Examination of Individual Differences," *Psychonomic Bulletin & Review* 19 (6): 1154 – 1164.

［478］ Warrington, E. K. , & Weiskrantz, L. , 1968, "New Method of Testing Long-term Retention with Special Reference to Amnesic Patients," *Nature* 217: 972 - 974.

［479］ Warrington, E. K. , & Weiskrantz, L. , 1970, "Amnesia: Consolidation or Retrieval?," *Nature* 228: 628 - 630.

［480］ Warrington, E. K. , & Weiskrantz, L. , 1974, "The Effect of Prior Learning on Subsequent Retention in Amnesic Patients," *Neuropsychologia* 12 (4): 419 - 428.

［481］ Waters, F. A. , Maybery, M. T. , Badcock, J. C. , & Michie, P. T. , 2004, "Context Memory and Binding in Schizophrenia," *Schizophrenia Research* 68 (2): 119 - 125.

［482］ Watkins, M. J. , & Gibson, J. M. , 1988, "On the Relation between Perceptual Priming and Recognition Memory," *Journal of Experimental Psychology: Learning, Memory, and Cognition* 14: 477 - 483.

［483］ Weingartner, H. , Eckardt, M. , Molchan, S. , Sunderland, T. , & Wolkowitz, O. , 1992, "Measurement and Interpretation of Changes in Memory in Response to Drugtreatments," *Psychopharmacology Bulletin* 28 (4): 331 - 340.

［484］ Weisberg, R. W. , 1980, *Memory, Thought, and Behavior*, Oxford University Press.

［485］ Weistein, N. , & Harris, C. S. , 1974, "Visual Detection of Line Segments: An Object-superiority Effect," *Science* 186 (4165): 752 - 755.

［486］ Weistein, P. P. , 1974, "In Memoriam: Elvio Herbert Sadun 9 December 1918 - 23 April 1974," *Journal of Parasitology* 60 (6): 897 - 899.

［487］ Wells, G. L. , Small, M. , Penrod, S. , Malpass, R. S. , Fulero, S. M. , & Brimacombe, C. E. , 1998, "Eyewitness Identification Procedures: Recommendations for Lineups and Photospreads," *Law and Human Behavior* 22 (6): 603 - 647.

［488］ Wertheimer, M. , 1959, *Productive Thinking*, Harper.

［489］ Whalley, M. G. , Rugg, M. D. , Smith, A. P. R. , Dolan, R. J. , &

Brewin, C. R. , 2009, "Incidental Retrieval of Emotional Contexts in Post–traumatic Stress Disorder and Depression: An Fmri Study," *Brain & Cognition* 69 (1): 98–107.

[490] Wharton, C. M. , Holyoak, K. J. , & Lange, T. E. , 1996, "Remote Analogical Reminding," *Memory & Cognition* 24 (5): 629–643.

[491] Whittlesea, B. W. , & Williams, L. D. , 2000, "The Source of Feelings of Familiarity: The Discrepancy–attribution Hypothesis," *J Exp Psychol Learn Mem Cogn* 26 (3): 547–565.

[492] Wigan, A. L. , 1844, *The Duality of the Mind*, Longman, Brown, Green, & Longmans.

[493] Wilkenfeld, M. J. , & Ward, T. B. , 2001, "Similarity and Emergence in Conceptual Combination ," *Journal of Memory & Language* 45 (1): 21–38.

[494] Williamsen, J. A. , Johnson, H. J. , & Eriksen, C. W. , 1965, "Some Characteristics of Posthypnotic Amnesia," *Journal of Abnormal Psychology* 70 (2): 123.

[495] Winnick, W. A. , & Daniel, S. A. , 1970, "Two Kinds of Response Priming in Tachistoscopic Recognition," *Journal of Experimental Psychology* 84 (1): 74–81.

[496] Wisniewski, E. J. , & Bassok, M. , 1999, "What Makes a Man Similar to a Tie? Stimulus Compatibility with Comparison and Integration," *Cognitive Psychology* 39 (3–4): 208–238.

[497] Wisniewski, E. J. , & Love, B. C. , 1998, "Relations Versus Properties in Conceptual Combination," *Journal of Memory & Language* 38 (2): 177–202.

[498] Wittgenstein, L. , 1953, "Philosophical Investigations," in *Philosophische Untersuchungen*, Macmillan.

[499] Wixted, J. T. , 2007, "Dual–process Theory and Signal–detection Theory of Recognition Memory," *Psychological Review* 114 (1): 152–176.

[500] Wixted, J. T. , & Mickes, L. , 2010, "A Continuous Dual–process

Model of Remember/Know Judgments," *Psychological Review* 117 (4): 1025.

[501] Wohlgemuth, A., 1924, "On Paramnesia," *Mind* 33: 304–310.

[502] Woodworth, R. S., 1940, "Psychological Issues: Selected Papers of Roberts," *Psychological Bulletin* 25 (37): 112.

[503] Wundt, W., & Pintner, R. T., 1912, *An Introduction to Psychology*, Arno.

[504] Yonelinas, A. P., 1994, "Receiver-operating Characteristics in Recognition Memory: Evidence for a Dual-process Model," *Journal of Experimental Psychology: Learning, Memory, and Cognition* 20 (6): 1341.

[505] Yonelinas, A. P., 1999, "The Contribution of Recollection and Familiarity to Recognition and Source-memory Judgments: A Formal Dual-process Model and an Analysis of Receiver Operating Characterstics," *J Exp Psychol Learn Mem Cogn* 25 (6): 1415–1434.

[506] Yonelinas, A. P., 2002, "The Nature of Recollection and Familiarity: A Review of 30 Years of Research," *Journal of Memory and Language* 46 (3): 441–517.

[507] Yonelinas, A. P., Aly, M., Wang, W. C., & Koen, J. D., 2010, "Recollection and Familiarity: Examining Controversial Assumptions and New Directions," *Hippocampus* 20 (11): 1178–1194.

[508] Yonelinas, A. P., & Jacoby, L. L., 1995, "The Relation between Remembering and Knowing as Bases for Recognition: Effects of Size Congruency," *Journal of Memory and Language* 34 (5): 622–643.

[509] Yonelinas, A. P., & Jacoby, L. L., 1996, "Noncriterial Recollection: Familiarity as Automatic, Irrelevant Recollection," *Consciousness and Cognition* 5 (1): 131–141.

[510] Yonelinas, A. P., Kroll, N. E. A., Dobbins, I. G., & Soltani, M., 1999, "Recognition Memory for Faces: When Familiarity Supports Associative Recognition Judgments," *Psychonomic Bulletin & Review* 6 (4): 654–661.

[511] Young, A. W. , McWeeny, K. H. , Hay, D. C. , & Ellis, A. W. , 1986, "Matching Familiar and Unfamiliar Faces on Identity and Expression," *Psychological research* 48 (2): 63 – 68.

[512] Yzerbyt, V. , Rocher, S. , & Schadron, G. , 1997, "Stereotypes as Explanations: A Subjective Essentialistic View of Group Perception," in Spears, R. , Oakes, P. J. , Ellemers, N. , & Haslam, S. A. (eds.), *The Social Psychology of Stereotyping and Group Life*, Blackwell Publishing, pp. 20 – 50.

[513] Zimmer, H. D. , Mecklinger, A. , & Lindenberger, U. , 2006, "Levels of Binding: Types, Mechanisms, and Functions of Binding in Remembering," in *Handbook of Binding and Memory: Perspectives from Cognitive Neuroscience*, Oxford University Press, p. 976.

[514] Zoltan, Z. , & Perner, J. , 1999, "A Theory of Implicit and Explicit Knowledge," *Behavioral & Brain Sciences* 22 (5): 755 – 808.

[515] Zuger, B. , 1966, "The Time of Dreaming and the Déjà vu," *Comprehensive Psychiatry* 7 (3): 191 – 196.

后　记

　　拙著终于面世，追溯自己对似曾相识现象的兴趣，并非始于灵魂出窍的神秘，恰恰发端于对已逝之物的眷恋。离家求学日久，田园不再，水泥遍地，仿佛一切都变了，还有什么留下来？高楼顶盖飞檐，传教士头戴花翎……满大街人身着西装，脚蹬皮靴……字里行间都是科学概念，咋听都是编三国……总觉得哪里不对劲，眼见熟悉心觉陌生，眼见陌生心觉熟悉，想必真的有一种隐形的东西吧！

　　2000 年，我已近而立。接触心理学，仿佛有一股神秘的力量在前方牵引。在此之前，我根本不知道世上有一个学科叫心理学。早年学工科，总觉得自然科学与技术的发展是人类福祉的根本。进入工厂后，慢慢体验了教育和社会力量的强大。于是，我决定报考北京师范大学教育社会学专业，心理学竟然是必考的一门课。边读朱智贤先生的《儿童心理学》，边想"心理学真是一门接地气的亲民学科"。后来听说很多人对心理学的兴趣是从弗洛伊德的精神分析开始的，那我可真是个例外。

　　正式走进心理学殿堂，感谢我的硕士生导师——山西大学的章竞思教授。虽然对心理学众多现象和概念很感兴趣，但导师考虑到我的专业基础和师祖张厚粲先生的博士生招生方向比较接近，建议我主攻心理统计与测量方向。分析和挖掘心理统计和测量数据背后隐藏的潜在关系与结构信息，极大地满足了我的好奇心。我始终觉得，左右你我的不仅仅是我们能意识到的聪明才智或者良好品行，表面现象的背后有一种我们意识不到的结构性力量。也许正是这种力量，让我们对表面熟悉的东西感到莫名的陌生，对陌生的东西又有一种莫名的熟悉感。

　　2010 年，我有幸到华东师范大学访学，并于次年获得复旦大学的读博机会，师从教育部长江学者郭秀艳教授，系统学习实验心理学的方法和内隐社会认知。其间得到华东师范大学心理学终身教授杨治良，复旦大学教授刘欣、于海和邹华华博士夫妇的帮助和指导，我逐渐对物际关系、人际关系和社会关系与结构的认知产生浓厚的兴趣。与美国科罗拉多州立大学（Colorado State University）的 Anne M. Cleary 教授交流，其科研团队在无辨认再认领域与我恩师郭秀艳教授内隐学习领域的合作，给我很大的启示和帮助。我决定在此基础上探究客体间关系与结构信息的熟悉性加工问题。特别感谢 Cleary 教授为我提供全部英文实验材料以及对我毕业论文实验设计的慷慨帮助和意见指导。

2016 年，我得到厦门大学林升栋教授的认可和鼓励，并跟从林教授探讨中西文化传播中的社会关系、结构和网络认知的比较，决定从关系认知的视角填充和整理博士期间的科研工作。没有林老师温雅坚定的鼓励和支持，恐怕书稿就要永沉箱底了。

现在，历经两年，书稿终于成型。这是我心理学学习之路上的一次重要总结。一路走来，深感一个个前辈良师就像一颗颗璀璨的星星，照亮我向前走的学习之路。借此机会，感谢张灵聪教授和潘玲娜副教授夫妇、黄清教授、陈顺森教授和苏小菊老师夫妇、曾天德教授、林国耀副教授、阳莉华老师和左雷医师等领导、同事和朋友，有了你们的支持和帮助，整理书稿的日子变得轻松美好；感谢杨传民院长、李巧明经理、林坤山医生和亚慧夫妇，你们的友谊使我更快乐地写作；感谢师弟乔福强博士与我共同研讨书稿内容；感谢我的学生林宏宇、张荣杰、张祥萍、黄红梅、安宗辉、吴亚楠、石雷、曲云鹏、陈飞虎、刘小白、刘恨、郭栋等，你们第一次阅读艰涩的书稿，并协助后期工作，使得书稿质量更好。

感恩杨艳云、赵子淇、赵广英和赵菊英，你们永远是我坚持的力量源泉！

感恩张朱锋，你的智慧和坚毅深深影响了我！

感谢李长州、吴亚楠夫妇为本书设计封面图案！

感谢闽南师范大学学术专著出版基金的资助！

感谢社会科学文献出版社为拙著所做的艰辛工作！

赵广平　于九龙江畔

闽南师范大学芗城校区

2018 年 10 月 11 日

231